西方帽子文化史

[英]克莱尔·修斯 著　　邹弟 译

长江出版传媒 湖北美术出版社

著作权合同登记号图字：17-2018-327

图书在版编目（CIP）数据

西方帽子文化史/（英）克莱尔·修斯著；邹弟译. — 武汉：湖北美术出版社，2025.1
（盖博瓦丛书）
书名原文：HATS
ISBN 978-7-5712-2309-0

Ⅰ. ①西… Ⅱ. ①克… ②邹… Ⅲ. ①帽 - 发展史 - 世界 Ⅳ.
① TS941.721-091

中国国家版本馆 CIP 数据核字 (2024) 第 084222 号

西方帽子文化史
XIFANG MAOZI WENHUA SHI

著　　者：[英] 克莱尔·修斯（Clair Hughes）

译　　者：邹弟

责任编辑：杨蓓　彭福希

责任校对：张韵

技术编辑：平晓玉

封面设计：邵冰

出版发行：长江出版传媒　湖北美术出版社

地　　址：武汉市洪山区雄楚大道268号湖北出版文化城B座

电　　话：（027）87679525（发行部）　87679548（编辑部）

邮政编码：430070

印　　刷：武汉精一佳印刷有限公司

开　　本：720mm×1000mm　1/16

印　　张：22

版　　次：2025年1月第1版

印　　次：2025年1月第1次印刷

定　　价：98.00元

目录

CONTENTS

致 谢

在写这本书的过程中，很多人给予了我切实的帮助。首先要感谢我的丈夫乔治·修斯（George Hughes），他总能激发我的兴趣，并全程给予我鼓励和帮助。帽子的重要性常常被忽略，但他从未怀疑过我的研究的价值。还要感谢好朋友布鲁姆斯伯里出版社的凯瑟琳·厄尔（Kathryn Earle），她一直鼓励我。感谢我的各位编辑，汉娜·克伦普（Hannah Crump）、阿丽雅德妮·戈德温（Ariadne Godwin）以及帕里·汤姆森（Pari Thomson），谢谢他们一直以来毫无怨言地帮我处理各种细节。他们还为我推荐了助理罗思丽·罗伯特（Rosily Roberts），罗思丽帮我解决了很多难题，非常感谢她高效且令人愉快的协助。

很多个人和博物馆非常慷慨地为我提供了说明性资料。本·沃克（Ben Walker）和罗斯·斯科特（Rose Scott）帮我拍摄了文中涉及的重要场所的照片。比尔庄园里罗斯伯爵夫人（Countess Rosse）的盛情款待令我十分享受，她向我展示了莫德·梅塞尔（Maud Messel）的帽子，还允许我拿在手里拍照。我还和威廉·比弗博士（Dr. William Beaver）探讨了很多关于军帽的话题，感谢他允许我在此书中使用了他担任家庭警卫时的照片。与圣子耶稣教会海伦·福肖（Helen Forshaw）修女的交流中，我们产生了很多共鸣，留下了一些有趣的照片，也勾起了我们对校园帽的美好回忆。感谢艺术家林恩·康斯特布尔·麦克斯韦（Lyn Constable Maxwell）的善良和才华，她不仅为我梳理了帽子发展的时间脉络，还把她教堂帽的画稿送给了我。我还要感谢坎迪斯·赫恩（Candice Hern）、约翰·汉纳维（John Hannavy）、梅格·安德鲁斯（Meg Andrews）、彼得·阿什沃思（Peter Ashworth）和乔弗里·巴钦（Geoffrey Batchen），他们非常友好地为我提供了很多照片。洛克帽子圣詹姆大街店、洛杉矶郡博物馆、耶鲁大学保罗梅隆收藏馆、纽约大都会博物馆、卢顿博物馆、加里克俱乐部和苏格兰国家信托基金，我要向这些给我免费提供图片的机构道一声感谢。弗吉尼亚威廉斯堡殖民地博物馆非常慷慨地为我提供了帮助，却只收取了非常低廉的费用。

在探寻帽子的道路上我得到了很多人的陪伴，他们为我提供了相关素材，在此感谢我的女儿佩妮叶（Pernille）、我的姐妹尼娜（Nina）和乔安娜（Joanna）、我的朋友简·惠特内尔（Jane Whetnall）、西比尔·奥尔德菲尔德（Sybil Oldfield）、普鲁登斯·布莱克（Prudence Black）、迈克尔·卡特（Michael Carter）和苏珊·文森特（Susan Vincent）。感谢洛克帽子圣詹姆大街店的尼古拉斯·佩恩·巴德（Nicholas Payne Baader），他向我讲述了这座独特城市的生活和历史。感谢伊顿公学、哈罗公学和诺兰德学院的档案保管员及斯托克波特制帽工坊的馆长。非常感激现已退休的卢顿博物馆馆长维罗妮卡·梅因（Veronica Main），她对草帽的热情和渊博的知识对我的工作至关重要，与她交谈是一种极大的享受。还要感谢设计师温迪·埃德蒙兹（Wendy Edmonds），在那个共度的迷人午后，她向我讲述了20世纪70年代末，她在伦敦西区当年轻女帽设计师的经历。

维多利亚与阿尔伯特博物馆的奥利奥·卡伦（Oriole Cullen）是我的早期顾问，我通过她得以结识雪莉·赫斯（Shirley Hex）。她曾是弗雷迪·福克斯（Freddie Fox）的首席设计师，任教于王家艺术学院，也是菲利普·崔西（Philip Treacy）和斯蒂芬·琼斯（Stephen Jones）的精神导师和灵感源泉。她抽出宝贵的时间热情招待了我，也让我对制帽行业有了更深刻的认识。她过去是，现在依然是英国时尚界的重要人物。

最后，我想把这本书献给安妮·霍兰德（Anne Hollander）——她对服装和艺术史的研究是我的灵感来源，而她生前最后数年与我的友谊，对我而言更是一份弥足珍贵的馈赠。

序 言

　　伦敦的帽子设计师斯蒂芬·琼斯说过，他的工作间是个奇怪的地方，"像阿拉丁的洞穴，又像是艺术家的工作室"。借助传承了几个世纪的工艺，"帽子被哄骗进了生活"，麦秸被迫做着"它们不愿意做的事情"。最终，帽子终于得以按照自己的方式发展，像曾经那样成就自己。琼斯似乎想表达帽子是有自主生命力的，帽匠将帽子生产出来以后投入市场，进入人们的生活。安托万·洛林（Antoine Laurain）的小说《总统的帽子》（2012）中，弗朗索瓦·密特朗的帽子无疑是有生命的。这顶帽子被落在酒馆以后，先后进入四个人的生活，给他们的生活带来或好或坏的巨变。造成这种影响的帽子并不需要具有不同凡响的外形或者风格，小说中密特朗的帽子就是一项简单的费多拉帽，但如琼斯所说，帽子能够呈现其他服饰元素无法呈现的状态。帽子是重要的配饰，醒目易见，在塑造戴帽人的整体形象时发挥着重要作用。男士从帽匠手中购买帽子，如我们所知，这些帽匠通常都是古老而精湛的技艺的传承者。女帽则代表着富有创造力的艺术家们最天马行空的创意，它们的营销方式也与男帽大不相同。然而，无论男女，我们的外在形象都受到帽子的巨大影响，因而也需要小心防范它可能带来的风险。你怎么确保选对帽子呢？

　　本书并不是简单按照时间顺序对流行帽子进行记录，不过本书的整体结构中包含了这些内容（书中还收录了 1700 年到 1970 年的帽子图片供读者参考）。我主要关注的是帽子文化，它们所处的社会环境、它们的使用和发展演进，最重要的是，不同形态的帽子各自象征着什么。为此，我借鉴了古今许多服装史研究学者的研究成果，在此向他们表示感激。此外，由于我倾向于关注帽子与实际社会活动之间的关系，因此也参考了很多其他资料，

▲〔1〕海滨明信片，1900

如穿搭指南、自传、小说及各类期刊。我深知探索帽子的角色需要运用多元视角：个人立场不同，对帽子的解读千差万别，有些甚至互相矛盾，不同性别人群对帽子的认识也不尽相同。就比如，在不同年代的人眼中，高顶礼帽的社会含义是不同的。帽子能够暗示出一个完整的故事：在这张 1900 年从威尔士海滨度假区寄出的明信片〔1〕中，爸爸的费多拉帽时尚，妈妈的小系带软帽简陋，女儿的光晕帽清纯可爱。在旁的围观者中，教士戴着铲帽，目光热切的年轻人顶着布便帽——没有帽子，也便没有了故事。

　　20 世纪中叶，毡帽和草帽进入伦敦、巴黎和纽约，进入那些阿拉丁洞穴般【编者注：寓指收藏珍奇物品之处、宝库】的工作室。此前，它们就已经存在了很长时间。帽子的发源地可以追溯到英国北部的斯托克波特和中部的卢顿城，或者法国里昂附近的科萨德，抑或美国康涅狄格州的丹伯里。在这些地方，麦秸和毛毡等原材料经过复杂、精细，甚至有毒的工序加工成帽子。这些帽子或成为国内市场的明星产品，或远销海外。帽子的制作是本书第 1 章的主要内容，后续的章节则聚焦于不同场合下不同类型帽子的使用情况。本书的叙事难掩这样的事实——20 世纪下半叶，戴帽子的人突然大幅减少（这是帽子史的悲哀，却是历史学者的大幸）。几个世纪间，帽子在整个欧洲都是日常着装的必要元素，帽子的市场巨大而多元。但 1960 年前后，文化和社会态度的剧变影响了帽子的生产、销售和使用，同时也重塑了帽子在现代社会中的形象。

帽子不再是饮食男女的日常着装，但是，戴帽子的人依然存在。我从多角度对帽子的历史角色进行了研究，探讨的主题包括帽子与社会权力（第 2 章）、帽子与身份职业（第 3 章）、帽子与礼仪（第 4 章）、两种代表性帽子——圆顶硬呢帽和牧羊女帽（第 5 章）、帽子与演艺界（第 6 章）、运动帽（第 7 章）和时尚帽子（第 8 章）。

如今人们戴帽子主要是出于防护和保暖的目的，比如常见的各式棒球帽，以及冬天戴的羊绒线帽。但是帽子过往的点滴已经嵌刻进我们的文化记忆，渗透在社交礼仪中，至今仍在发挥着作用。比如，为什么婚礼和赛马会带动帽子的再度流行？为什么我们默认王室会戴帽子？为什么觐见王室时要戴帽子？有时，我们会突然意识到一顶得体帽子的重要性；有时，帽子又给我们招来关注与非议。在第 8 章，我们将会看到帽子如何摆脱过往的繁杂规矩和制度的约束，如何重获新生，成为热门话题和艺术品。

我们的一些戴帽习惯多是由外部因素决定（保暖的需要），还有些是为了对戴帽人形成切实的物理保护（运动帽、军人头盔和消防员头盔）。而很多用帽习惯则是源于抽象意识形态，这些意识形态衍生出细致的规范体系（宗教、军队、医院和学校的帽子）。男士的帽子与权力地位是分不开的。

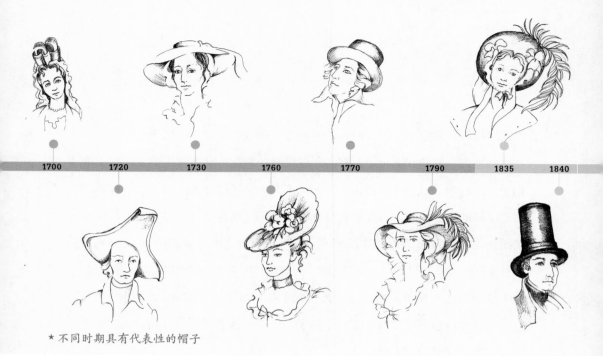

★不同时期具有代表性的帽子

一位法国幽默作家说，戴上帽子会让你感觉拥有了凌驾于不戴帽者之上的权威。帽子的使用和骑士的礼节也紧密联系——何时行帽礼？如何挑选用于不同场合的帽子？应该向谁脱帽？在什么时候？什么地点？礼仪举止中的雷区数不胜数，催生出了穿搭手册的巨大市场，也为小说家提供了丰富的素材。我在第4章谈及帽子与社交礼仪、社会阶层的关系，其中提到，非主流帽子为作家、讽刺漫画家及画家塑造人物形象提供了参考。以"懒散"（slouch）帽为例，它让人们联想到目无法纪，甚至是罪行累累。然而，家族叛逆者头戴一顶"错误"的帽子却极为"正确"。

此外，戴帽习惯首先与转瞬即逝的时尚品位不可避免地联系在一起。它的终极目的是吸引人们的关注，任你来自城市或是乡村，不分男女老幼、富贵贫贱，时尚潮人或是理性消费者。时尚是贯穿本书的要素，我在最后又单列一章探讨时尚帽子。来亨草帽、巴拿马帽、斯泰森帽这些人们熟知的帽子不是独立于外部世界的稳定存在。它们历经不断的变化、调整，成为时尚典范。现在的时尚帽子不仅在外形上与以往有别，所体现的文化意义和担当的文化角色也大不相同。1780年前后，罗斯·贝尔坦（Rose Bertin）为玛丽·

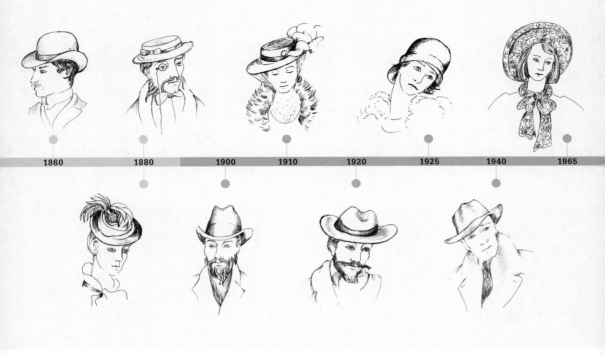

安托瓦内特（Marie Antoinette）设计制作了时尚帽子。与那时一样，当代的设计师、帽匠和戴帽人有着足够的自由空间去尝试新的创意与冒险。我很高兴看到如今的帽子依旧在大胆创新。

能够建立起与虚构世界的联系是帽子最重要的特质之一，它可以呈现出以羽饰或者其他古怪装饰为代表的异化世界，这一点在娱乐、表演和影视作品中表现得尤为充分。那些最出名的帽子总是存在于演艺界。我谈及的帽子中就包括查理·卓别林（Charlie Chaplin）的圆顶硬呢帽、玛琳·黛德丽（Marlene Dietrich）的贝雷帽及莉莉·艾尔斯（Lily Elsie）的"风流寡妇"。这些帽子或时尚，或意在讽刺，有时必须对它们进行"二次"解读。最关键的是，它们能够令观众念念不忘。毕竟相比于外套，帽子的更换更方便也更频繁。帽子也是伪装的代名词——事实表明，小说《总统的帽子》（2012）里，密特朗总统的性格中就隐藏着不为人知的阴暗面。洛林推测，他那顶（来自阿拉丁洞穴的）帽子可能是一位"秘密特工"、一个"阴险强大的双面角色"。帽子文化可以揭示许多意想不到的内容，对它的探索能够进一步展现社会、习俗和我们人类自身的精彩。

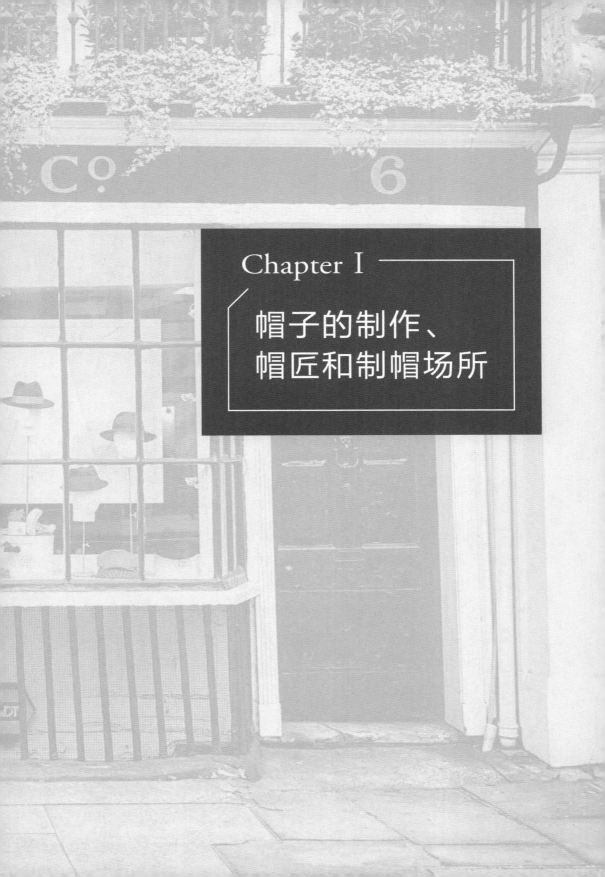

Chapter I

帽子的制作、
帽匠和制帽场所

　　帽子的发展过程中，出现了一批伟大而著名的设计师。像在 18 世纪的巴黎为玛丽·安托瓦内特王后设计帽子的罗斯·贝尔坦，为欧仁妮皇后（Empress Eugénie）设计帽子的卡罗琳·瑞邦（Caroline Reboux），以及 19 世纪末为伦敦和纽约女性设计帽子的露西尔（Lucile）。20 世纪 40 年代至 50 年代，艾格·萨罗普（Aage Thaarup）统治了伦敦帽子设计界，莉莉·达奇（Lilly Daché）则为好莱坞明星们制作具有标志性意义的帽子。当今帽子设计的国际名人斯蒂芬·琼斯和菲利普·崔西，他们设计的帽子也被博物馆购买收藏。设计师所有的创作都根植于当时的帽子制作、装饰和营销技巧。几个世纪以来，帽子的生产方式和材料都发生了变化，但仍有一些特性被保留了下来。高端帽子的时尚我会在稍后讨论，本章中，我们将了解毡帽和草帽最核心的制作流程与工艺，以及向机械化生产的转变，再来看看一家历史悠久的标志性帽子店。这些故事最初发生在朴实的英国小镇卢顿和斯托克波特，两座小城对于帽子的发展具有非凡意义；如今，故事在伦敦和巴黎延续，继续指引和塑造着帽子的命运。

斯蒂芬·琼斯在思考了帽子神秘、不可捉摸的特性后，总结道："帽子通常是自我成就的。" 19 世纪的一位帽匠认为土耳其人之所以厌恶帽子，是因为他们认为"帽子是使用巫术编织的"。帽子能说明一个人的个性，更重要的是体现自我认知——帽子是一种冒险却又醒目的个人签名。雷洛娅是弗吉尼亚·伍尔芙（Virginia Woolf）的小说《达洛维夫人》（1923）中的帽商，她说："帽子的重要性无可比拟。"18 世纪海狸帽的光泽、19 世纪高顶礼帽的倾斜，又或是 20 世纪 50 年代超现实主义帽子那工艺品般的精致，都是它重要性的体现。任何一顶帽子都是自由的——它与身体分离，只与帽下的头部接触，任何材料都可以被做成帽子，任何帽子都能够向任何方向"跃起"，而当它在空中跃舞时，一切都有可能发生。搭配帽子是一种极致的乐，但风险也如影随形。

但是，上述所有这些都没有说到一个最基本的问题：帽子是怎样制作的。这里我主要关注 1700 年至 2000 年英国帽子制造业（但不会局限于此）的情况。纵观这一时期，我有一个惊人的发现：在如此漫长的时间内，帽子制造一直仍处于手工阶段，机械化程度低，制作周期长。如果说帽子有自己的想法，帽匠也同样展现出了极其顽强的固执和纯粹的倔强。例如，18 世纪法国的帽匠们每天最多只做两顶帽子，尽管他们本可以多做几顶。在 19 世纪的英格兰，卢顿做草编系带软帽的工匠们即使知道早点开工对他们自己有利，也不会在早上九点前开始工作。

迈克尔·卡特在一篇关于帽子的文章中写道："帽子的故事要分成两个来讲——男帽和女帽。"女士的帽子与美丽、品位及炫耀性消费有关，因而多变、多样，富有个性。而男士的帽子更加具有一致性和象征性，与地位有关，即便细微的变化都是有意义的。性别差异在帽子的材质上同样有所体现，从金子到鞋子，几乎所有东西都可以用来制作帽子。但最主要的两种材料还是毛毡和麦秸。总的来说，男帽多采用简单的深色毛毡，女帽材质则选用轻质麦秸。当然，女帽的设计常常也会从男帽中借鉴一些灵感，比如用羽毛装饰毡帽来增添潇洒气质，突出女性的权威。伊丽莎白·詹金斯（Elizabeth Jenkins）的小说《龟与兔》（1954）中就描述到"偷穿丈夫衣服"的布兰奇·西科考"看起来格外令人生畏，戴着……异常硕大的圆顶硬毡帽……令人吃惊"。自都铎王朝以来，受人尊敬的女性都开始青睐"骑士"风格，而这种风格的产生与狩猎活动密切相关。19 世纪的丝质高顶礼帽同样是"借"来的。然而，这种借鉴几乎是单向的，只有在滑稽的模仿表演中才会见到男士戴女帽。

海狸帽

布兰奇·西科考的毡帽借着海狸帽的权威感和高尚气质，指称权力。16世纪早期，西班牙人和荷兰人让这种帽子在欧洲流行起来。那一时期肖像画中的男性形象证明了帽子的重要性不仅仅在于其本身强烈的等级意义，同时也在于它是财富的标志〔2〕。海狸的毛是最好的制帽材料，而且只有靠近皮肤的绒毛才能用于加工。所用海狸皮的含量决定了一顶帽子的质量，进而决定了这顶帽子的价格。制毡过程费时费力，因此好的帽子价格不菲〔3〕。比如，1661 年，塞缪尔·佩皮斯（Samuel Pepys）在英国买一顶海狸帽花费了 45 先令（相当于现在的 284 英镑）；在 18 世纪的法国，一顶上好的海狸帽售价 3 里弗（合现在的 60 法郎），一顶普通的羊毛毡帽售价为 15 苏（约合现在的 15 法郎）。1870 年，伦敦记者乔治·萨拉（George Sala）惊叹道："一顶棕色海狸帽竟然卖到 15 几尼（合现在的 1300 英镑），我自己还有一顶 20 几尼的。"按照哈德逊湾公司历史学家里奇（E. E. Rich）的说法，整个 18 世纪，制帽用的海狸皮一直是欧洲贸易市场上最有价值的单品。海狸

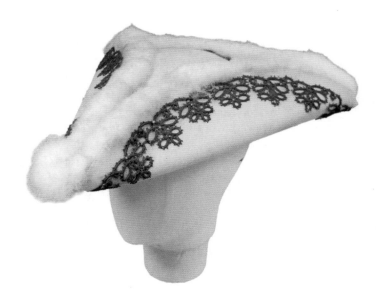

▲〔2〕18世纪的海狸帽

毡帽的价格远远超过了大众的消费能力。

　　制作一顶好帽子需要用到十张毛皮，为了满足人们社交中的表现欲，就需要大量的海狸。到1600年，海狸就已经从欧洲绝迹了。令人高兴的是（当然不是对海狸而言），新大陆向法国、荷兰和英国的贸易商供应了取之不尽的毛皮。里奇也不禁感叹 "毛皮承载着获得巨额财富的希望……切中了17世纪中期男性对财富的想象及追求财富的强烈欲望"。英国人将荷兰人赶出北美以后，他们每年能够获得超过一百万磅重的毛皮，成为法国人的竞争对手。

　　贸易竞争不仅影响到欧洲政治，也对提供毛皮的美洲原住民造成了影响。殖民者需要土著部落协助进行诱捕，在狩猎向西推进的过程中，法国人和英国人挑起了各部落间的矛盾。在猎杀海狸的同时，部落之间也为占领狩

Furs used in a Hat of fine quality, according to the present improved system of making, their proportions, value, cost of manufacture, &c. &c.

		s.	d.
FOR THE BODY.			
4 oz. of seasoned coney wool, 1s. 0d. per oz.		4	0
½ oz. red wool - - - - 2 4		1	2
¼ oz. of silk - - - - 0 9		0	4½
FOR THE COVERING.			
1 oz. of prime seasoned beaver, 8s. 6d.* - -		8	6
Journeyman's wages for making† - - - -		3	6
Dyeing - - - - - - - - -		0	8
Stiffening, finishing, and picking - - - -		1	8
Cost of lining, finding, band, and box - - -		2	6
Sewing in of ditto - - - - - - -		0	6
	£1	2	10½

Such is the cost of materials and labour at the present period; it is true that the above scale is drawn from " credit prices;" but let every part of a manufacturing concern be carried on for money only, which is rarely the case, still the deduction from the *whole* cannot be more than 7½ per cent. All substitutes for the above *materials* are decidedly condemned; nor can their *quantities*, as here stated, be lessened, without injury to the remainder. Here then is sufficient evidence that a fine hat must, under the most favourable circumstances, stand the manufacturer in upwards of twenty-one shillings, yet many *assume* a capability of *retailing* such an article at less even than the charge of manufacture.

* No hat can be good, or well covered, with less than one ounce of prime beaver; and, small as the quantity is, there was a time when journeymen makers (catching the custom of their betters, and by way of tythe) thought it no sin to appropriate a part of this material to their *own use*; but, for the credit of the *trade* be it said, the practice is long since abolished, and a man attempting it at the present day would be scouted from the factory where he worked, by every honest journeyman therein.

† The average week's work of a *maker* is about ten hats; that of a *finisher*, from five to six dozen.

▲ 〔3〕罗伯特·劳埃德（Robert Lloyd）的帽子及价格，1819

猎场和交易权相互厮杀。贸易改变了部落间的组织结构和生态平衡——因为猎人一直处于紧缺状态，农业衰落，食物来源减少。到 1650 年，部落开始依赖通过毛皮贸易从欧洲人那里购买武器、工具、食物和酒。1763 年，法国将加拿大割让给英国，但获利也是短暂的——美国独立后，约翰·雅各布·阿斯特（John Jacob Astor）的美国毛皮公司很快就接管了法国的毛皮贸易。阿斯特至今仍被认为是世界历史上最富有的人之一。造成这些冲突以及社会和文化失序的原因正是从这种小动物身上获得的利益。

后续从毛皮到成品帽的加工过程中同样也没什么令人喜闻乐见的事情。英国的毛皮贸易，毡帽的制造和零售最初以伦敦为中心，主要位于南华克和柏蒙西有名的河畔地区。17 世纪出现了同业公会（又名 "神秘的毡帽匠"），开始对行业进行规范。"Mistery"【编者注：该组织名称的英文为 Mistery of Feltmakers】这里要表达的意思则是 "掌控"，但是依本意解释为 "神秘、隐晦" 似乎也并无不妥，因为毡帽的制作复杂，很多工序脏乱不堪，工人还经常可能遭遇危险。即使是现在，制帽仍存在着一定的危险，正在塑形的毡帽很可能突然从帽托上飞出去，伤到工人。

斯托克波特和制毡过程

伦敦毡帽匠行会控制生产的时间并不长。因为学徒制度和报酬薪资的限制，帽匠们离开城市去寻找生活成本更低廉的地方。到 18 世纪初，伦敦的帽匠虽仍保留着店里的零售和批发业务，但是已经将生产的主要环节交给了各省的熟练工人。斯托克波特位于伦敦以北的收费公路（现在是 A6）沿途，靠近曼彻斯特和利物浦港，那里没有行会，但是有现成的纺织工业和河流——水对于制毡过程至关重要。到 1771 年，亚瑟·杨（Arthur Young）在他的《北英格兰之旅》一书中，将帽子看作是该地区的主要产品之一。

▲〔4〕丹顿制帽工坊，墨尔本，19世纪晚期

1800 年，斯托克波特和丹顿开始承接全英国的帽子生产工作，并出口到欧洲和各个地区的殖民地。

　　帽子的制造工序较为分散，适合分包生产，最初，生产的主要流程就在务农家庭自建的作坊中完成。2014 年 3 月，人们发现丹顿一家花园的外屋曾被用作帽匠进行毡合作业的铺面和存放蝴蝶结的库房——这是唯一一处保存下来的真实遗迹，让我们得以目睹当时的店铺是什么样子。这种朴素的家庭作坊模式在 19 世纪后期修建的制帽厂中被保留了下来。那时建造的制帽工坊可以被改作住房，在澳大利亚，墨尔本的丹顿制帽工坊〔4〕如今已经被改造成了一栋别致的公寓楼。主建筑至少是两层楼，内部设有办公室、仓库、"修整区"和"干燥作业区"。主楼对面是一片平房作坊，用于开展"湿作业区"作业——这里主要进行原材料的预处理和给帽子主体定型的工序。到 19 世纪末，制帽业的机械化程度提高，分布也更为集中，很多住宅区就建在了工厂附近。哈利·伯恩斯坦（Harry Bernstein）回忆起 20 世纪初在斯托克波特度过的童年时代，为我们描绘了人们晨间上班的"交响曲"："开始时相当安静，只有几双木底鞋踏出门的声音，随着越来越多人的加入，声响越来越大，直至如骤雨疾雹一般，伴着各家工厂同时发出一阵哨响，最终乐章达到了高潮；随后……声音逐渐消失，直至再次沉寂。"

伯恩斯坦说，斯托克波特的墙砖被煤烟熏得乌黑；弗里德里希·恩格斯（Friederich Engels）也觉得这里是英国 "最严重的烟窟窿之一"。纺织工厂到处都是，充斥着这座小镇，但在斯托克波特（和墨尔本）仍能看到高大的烟囱，这也证明了煤炭制热对于制帽业的重要性。分离纤维是一项又脏又累的活儿，需要在不通风的环境下进行。后续的毡合工序更糟糕，需要将毛皮或羊毛线团反复浸入装有沸水、氨水、酒糟和硫酸的锅中，让它收缩成一个尺寸合适的帽坯〔5〕，接下来还要在密闭的真空环境中通过更高的温度和湿度使其定型。另外，染色区的条件也好不到哪里去。1841 年，一位记者在参观了克里斯提的南华克工厂后表示，这是会"令喜欢干净的人感到极度不适的体验"。丹顿的格蒂·哈伯特（Gertie Halbort）回忆了 20 世纪初的情景，据她描述，父亲下班回来时双手"总是布满水泡……他过去经常把一条条亚麻布放在炽热的铁片上加热，直到它们变成黑油状，然后抹在每个指尖上，他就这样处理一下，然后第二天继续工作"。对他们来说，指纹被磨平的情况司空见惯。

人们对帽匠更普遍和深刻的印象是心智失常。现在英文中仍然有"疯得像帽匠似的"这样的表述，这可能是源自刘易斯·卡罗尔（Lewis Carroll）小说中对"疯帽子"的刻画。海狸皮是生产顶级防水毛毡的最佳用料，在加工时需要进行强力清洁。无论是处理海狸皮还是像兔毛这种次等毛皮，最为有效的方式都是进行所谓的毡合预处理，在这道工序中，会用硝酸稀释的汞盐分解毛皮中的油脂以辅助毡化。研究表明，与处理毛皮相比，在干燥阶段

〔5〕毡合作
坊中正在工作
的帽匠，便士
杂志，1841

吸入汞蒸气更加危险。法国人声称是英国人发明了这道工序，可想而知，英国人则把这个责任归咎于法国。不管怎么说，到了 17 世纪 80 年代，法国的制帽工人怀疑汞是造成癫痫、失智和夭折的元凶，将他们的雇主告上法庭。很多相关的论文得以在美国和英国发表，但汞的使用直到 1912 年才被禁止。

法国帽匠比他们的英国同行更具斗争精神。在法国，一顶帽子代表着一个人的工作总和，虽然帽匠们工作时两人一组，但彼此并不分工合作。他们所得的工钱取决于做出了多少产品，而非付出了多少劳动。还有一条不成文的规定，即每个帽匠每天制作不超过两顶帽子，且每周不超过九顶。其实，1776 年，有人在马赛进行了一项试验，结果表明"毡合预处理"工艺能够缩短制作工时，这样每天至少可以生产三顶帽子，然而，帽匠们不愿妥协。诉讼和罢工一直持续到下个世纪，其间工厂主不断努力，试图将这个程序合法化。时尚的潮流平息了冲突的情绪，1800 年前后，清洁无害的丝质高顶礼帽开始与海狸帽在整个欧洲平分秋色。

时尚的步伐总是变幻莫测，任何流行元素都无法摆脱被代替的危险，制帽业采用灵活的生产模式就是考虑到了这一点。早期外包体系具有较强灵活性，而且制帽业属于精英工艺，收入高于纺织工作，加之本行业的传统和既有规矩使得帽匠更具斗争精神，敢于对抗改变，拒绝成为工厂体系的附庸。18 世纪是男士帽子的繁荣时期，三角帽或双角帽（最初称为"翘角帽"）占主导地位，欧洲的冲突保证了对这两款军帽的稳定需求。到 18 世纪末，帽子开始转向更简约的风格，双角帽主要用作军帽，三角帽则被（海狸皮）圆帽所取代，这种帽子有多种佩戴方式——朝前戴、朝后戴、侧着戴，或翘高或压低。当时利润丰厚的奴隶贸易也在悄然开展，市场上需要能够经受长途运输的廉价毡帽，提供给种植园工人使用。这次贸易刚好与拿破仑战争同时结束。到了 19 世纪初，随着新式高顶礼帽的出现，毡帽泡沫破裂，斯托克波特陷入了帽匠和雇主间的激烈纠纷之中。

18 世纪 70 年代，托马斯·戴维斯（Thomas Davies）在斯托克波特建立起自己的帽子生意，从利物浦购买进口毛皮，在斯托克波特制作帽坯，然后运往伦敦进行修整。他在信件中反复提及要降低成本以保持竞争力，使斯托克波特能够迅速应对伦敦等地的时尚变化。

戴维斯写道，巴斯是一个非常有格调的地方，男士时尚对于细节十分考究——例如，乡村帽子帽檐的理想尺寸可能要比伦敦城中的宽半英寸（1 英尺约合 2.54 厘米），而威尔士的情况则又有所不同。戴维斯终日泡在工厂里，严格执行各项制度，他清楚一个人可以生产多少顶帽子，吃午饭需要多长时间。但是有了"行业俱乐部"以后，帽匠们总是倾向于"联合"行动。到了世纪末，戴维斯的工人们为了争取更好的工资待遇开始罢工。考虑到帽子的需求旺盛，他敦促斯托克波特的合作伙伴解决这一问题，但是罢工问题并没有得到妥善处理，工资持续上涨。库存的帽坯开始积压变质，前面批次的帽子散发出难闻的气味，这令戴维斯十分担忧。

戴维斯对生产的警觉帮助他避免了破产。但随着 19 世纪消费主义的加速和扩张，帽子的价格下降，款式更新加速，戴维斯面临的问题变得更加急迫。据说，1790 年，高顶礼帽随男装商人约翰·赫瑟林顿（John Hetherington，他并不是高顶礼帽的发明者）首次出现在公众面前时，引起了骚乱。1819 年，劳埃德的《帽子论》中提及了不少于二十四种叫得出名字的帽子风格，大多是不同版本的高顶礼帽，有三款看起来像是旧式的毡帽，其中一款被很形象地叫作"教士"。丝质礼帽的制作更安全，但在 19 世纪下半叶，随着圆顶硬呢帽和软毡帽（包括洪堡帽、费多拉帽和特里尔比软毡帽）的兴起，毡帽再次回归。为了满足市场需求，19 世纪后期的帽子行业产生了对机械和合作分工的需求。1821 年蒸汽动力被应用于纤维分离，19 世纪 80

年代鼓风机的出现将人们彻底从这项又脏又累的工序中解放出来。到了19世纪中期，新发明的金属头部尺寸量具进一步提高了头部轮廓测量的精确度。然而帽匠们反对创新。19世纪70年代，机器塑形的实现一定程度上促进了大规模生产的发展，直到此时，那些令人生厌的核心工序才实现机械化。

斯托克波特的报纸记录了19世纪80年代工厂中的动荡。机器对工人技能的要求较低，雇主试图降低工资，在停工期间引进了未参加工会的年轻劳动力。纠纷最终以对工厂主有利的结果收尾——帽子价格低廉，贸易进行顺畅，但是工资却不高。在乔治·格罗史密斯（George Grossmith）的小说《小人物日记》（1891）中，莫里·波什是"波什三先令帽店"的供货商，他向普特尔先生讲述了"那段漫长却又趣味丛生的故事"——制作廉价帽子充满意想不到的困难。这种帽子必须足够结实，因为普特先生的儿子卢平常会对帽子拳打脚踢。即便如此，也没人能做到将皮料送入机器，然后就能从另一端得到一顶好帽子。帽子的修整和装饰无法通过机械实现。女工控制着这最后一道工序。据报道，斯托克波特的一名工会领袖曾表示，女工"是掌控局势的关键。男女工人联合时，后者总是更为坚定"。但是机械化的确宣告了斯托克波特失去全球帽子时尚界的主导地位。

卢顿和麦秸

女性无疑是草帽制造之城卢顿的关键资源，在19世纪70年代，毡帽产业的一个分支转移到这里——有这样一种说法，在卢顿，"男人靠女人养活"。时间向前推，至少一个世纪以前，英格兰南米德兰兹地区已经开始制造草帽；实际上，草帽才是最古老、最广为流行的帽子。我们知道，帽子有它的象征意义，也能够起到装饰或保护作用，草帽最初是在农业活动中用于防晒的。然而，在意大利，托斯卡纳草帽丝绸般的光泽一开始就征服了消费者，卖出了高昂的价格。到了17世纪，欧洲的时尚女士们纷纷为草帽的魅力所吸引，塞缪尔·佩皮斯和他的妻子还在卢顿附近的哈特菲尔德镇试戴了草帽，他觉得妻子戴草帽非常可爱。

1942年，历史学家约翰·多尼（John Dony）毫不犹豫地写下，"巴黎、纽约和卢顿"是女帽的三个核心地区。卢顿多年来一直声名不佳——亚瑟·杨在18世纪称它是"一座长长的肮脏集镇"；1850年，一封致当地报纸的信中也埋怨"新建的屋舍通风不畅，排水欠佳"；1989年的《星期日泰晤士报》评论说："这个地方很难让人对它产生感情。"但是对于王家帽子设计师艾格·萨罗普来说，卢顿"有着特殊的地位"。那么，卢顿是如何做到同巴黎、纽约齐名的？

维罗妮卡·梅因长期担任卢顿博物馆馆长，她为我进行了讲解。卢顿靠近伦敦，且位于小麦的种植区，其季节变更符合帽子制作的季节特点。但实际上这里交通条件很差，小麦秸秆的供应质量虽好，却并不能满足编织用料的需求，卢顿在草帽生意中表现出色的原因在于拥有廉价的可用土地资源。这里几乎没有热衷于购置私人房产的社会中上层阶级，拥有土地的贵族们又大多不待在这里，因而对修建房屋没有限制。因此，在19世纪的农业萧条时期，充裕的土地资源将工人从乡村吸引到卢顿。由于价格低廉，每个人都可以购买土地并建立家庭式企业，将帽子的成品或半成品出售给工厂或仓库。男人们进行帽子的定型，女人和孩子们则负责编织和缝合——这些技能简单易学，也适合由她们纤小的手指来操作。

在托斯卡纳种植编织用草，并经西北部来亨港口出口草料、草辫或帽坯，因此产生了"来亨草帽"的叫法。18世纪期间，意大利的优质草秸秆被进口到中部地区作为当地麦秸的补充。拿破仑战争切断了供应，但当地军营中的法国俘虏有些曾是熟练的草穗编织匠，在他们的帮助下，当地的产品质量得到了提升。草辫被带到市场上出售给系带软帽的缝制工人或制造商，有效贴补了收成不确定的农业劳动。来亨继续生产最优质的草料，1826 年，卢顿的一位企业家取得了一项种植所谓"托斯卡纳麦秸"的专利。很明显，他们取得了一些成功——乔治·艾略特（George Eliot）的小说《米德尔马契》（1872）的背景设定在 19 世纪 30 年代，书中邻居们批评布尔斯特罗德夫人和她的女儿们戴着时髦的"托斯卡纳系带软帽"来教堂；1928 年，一位年迈的女士则回想起 70 年前在伦敦格林奇百货公司购买的一顶托斯卡纳系带软帽。

行业及其建筑

制帽产业的主体可以分为三类：大型库房和工厂中的制造商，负责修整装饰的小规模家庭作坊及直接面对零售商的独立销售商。大多数企业是基于家庭组建的。因此，像斯托克波特一样，卢顿的住宅兼作厂房用，而简单的家装设计风格也成为帽子工厂的特色。在卢顿或邓斯特布尔的街道上仍然可以看到这些作坊，与 19 世纪普通的联排式住宅没什么区别〔6〕。只有背面延伸出来的部分（现在或许是花园棚屋）暴露了建筑的双重属性。1850 年，卢顿的制帽行业特点就是存在少数中等规模制造商，同时众多小规模作坊遍布在那些"通风不良"的住宅内。卢顿的建筑乏善可陈，但十分繁忙，这个小镇体现了小资产阶级重利的价值观，以及对外部权威的抵制。在文化、政治和精神上不墨守成规，卢顿的制帽业没有行会和工会，也没有被广泛认可的培训。

然而，这里有专门的辫绳编织学校，在那里，儿童涌进脏乱的房间，由几乎不识字的妇女进行教导。培训人员的能力素质不一，但所有培训都收费，即便培训内容就只是编辫绳。卢顿的学校相对较少，镇上大多数家庭都

▲〔6〕19 世纪的卢顿建筑

从事制帽产业，孩子们可以在家中学习编织。缝制过程实现机械化后，恰逢 1870 年初等义务教育开始实行，编织学校自此销声匿迹。到 1893 年，从远东进口的通道打开以后，卢顿出售的草辫只有 5% 是当地的。但是这种习惯却沿袭了下来："直到 1923 年，还可以看到希钦的萨克斯顿小姐在自家门口编草辫。"

这种劳务具有流动性，机械化之前，每年到了 12 月至次年 5 月生产帽子的月份，数百名年轻女性涌入卢顿，与家人一起住宿，尽可能快地赚取更多的报酬。缝制工作的报酬要优于编织，这些女孩主要在工厂或缝制间从事系带软帽的缝制。制帽行业的"神秘"令人们始终对它心存疑虑，各种道德说教者认为这些女孩品行不端。

在短暂的工作季，她们每天长时间工作直至深夜，不愿回到她们的住处，闲暇时间则在户外度过——单身女性独自出现在街上会引来路人侧目。所以有种说法，认为这种独立性会妨碍她们的婚姻。这些女性较强的消费能力及和时尚相关的职业，也导致一些人给她们打上了挥霍与轻佻的标签。

1867 年的《工厂法案》旨在保护女性工人，法案规定女工每天工作时间不得超过 12 小时——工作可以尽早开始，但应在晚上 8 点前结束。这并不适合卢顿的帽匠们。她们衣着干净、考究，工作富于创造性，与那些穿着披肩和木底鞋的工厂女孩被归为一类，令她们感到不满，而且她们也无意在每天早上9 点打卡上班。她们的工作按完成的工件计酬，如果可以选择，她们会选择整夜工作，第二天晚些起床。督察员认为，每天的工作时长缩短，工作季将会延长。但正如约翰·多尼所说："他们无疑是错的，只有还在流行的帽子，才会被制造出来。" 这个结论值得每一家帽厂铭记于心。在这场角逐中，这些女性占据了上风，结果是政府修订了法规。机械化过程中，这些精力充沛的系带软帽缝制女工在卢顿定居下来，成为收入丰厚的技工，有些甚至成为工厂主。

机械化

19 世纪 70 年代卢顿的毡帽制造产业实现了部分机械化，这意味着工作可以终年进行，加工场地也从家里转移到小型工厂。起初，人们从北部城镇收购男式帽坯进行再加工，而卢顿主营女帽，在这种情况下，意大利便成了高档毡帽的主要原料来源地。从 19 世纪 70 年代至第一次世界大战期间，卢顿以及各地的制帽业蓬勃发展。1875 年，卢顿帽商从美国引进了草辫缝合机，这种机器体形小而且价格低廉，人们可以租用或是共用，因而家庭作业并没有就此完全消失。除了生产男女毡帽外，他们还生产麦秸编织的高顶礼帽、平顶硬草帽以及它们的各类变体〔7〕。机械化实现以后，经济实惠的平顶草帽成为 19 世纪的爆款帽子。1891 年，普特尔夫人为海边度假特意备了一顶

▲〔7〕卢顿草帽

"小水手帽"，普特尔先生〔8〕则戴了一顶草帽，样式就如同印度的头盔，他的儿子都不愿和他走在一起。

　　同其他制帽中心一样，卢顿以前也曾售卖半成品的女帽，并售卖到伦敦和各地的家庭、商店或作坊中作所做一步加工装饰。制帽业与女帽制造行业不同，后者主要涉及对帽子的精细修整和装饰。阿诺德·贝内特（Arnold Bennett）的小说《老妇谭》（1908），背景设置在 19 世纪 70 年代，书中康斯坦斯和索菲亚·贝恩斯在伯斯利通过装饰帽子换取生活所需的布料。康斯坦斯的手"整日与缝衣针、大头针以及人造花打交道，变得十分粗糙"。然而，在 19 世纪的最后几十年，机器制帽的风格快速变化，人们也重新认识了装饰的重要性，卢顿本地生产的简装帽和精饰帽打入了伦敦和伯斯利的市场，最终走向全世界。20 世纪 20 年代，未来的王家帽子设计师艾格·萨

Lupin positively refused to walk down the Parade with me because
I was wearing my new straw helmet with my frock-coat.

▲〔8〕《小人物日记》中普特尔先生的头盔，1891

罗普还在哥本哈根的一家商店打杂，他记得当时有一间储藏室，里面装满了标有"卢顿"字样的帽盒。设计的重要性逐渐显现，但卢顿的帽子却依旧较为随意。有人提出建立帽艺学校，但卢顿延续了一贯的风格，没让这一计划落地实施。随着交通运输条件的改善和女帽制造与销售业的发展，卢顿与时装中心伦敦的"距离"被大大缩减，帽匠们开始在两个城市间分流。卢顿倾向于按件计费的自主工作模式，更符合西区工作室的文化——这些地方至今也没有成立工会组织。

帽匠：伦敦和巴黎

帽匠们制作男士帽子，就像裁缝会缝制女士们的骑马服一样，帽匠们也会制作女士们骑马时的帽子。在 17 世纪，服装商店的生意都是由男性经营打理，到了 18 世纪，女性成为顾客的主体，工作人员也由女性担任。在出售男装的同时，19 世纪 30 年代的服装商们也出售手套、帽子、系带软帽及装饰用品。直到 1900 年前后，女装和童装也仍在经营范围。此后，女帽制造商开始专门经营帽子。19 世纪中叶，伦敦西区女帽制造工人的工作条件极差——标准工作时长为 15 小时，订单量大的时候，时长延长至 22 个小时；姑娘们睡在长椅上，还随时面临火灾的威胁。一个世纪以后，情况基本没有变化。雪莉·赫斯是一名杰出的帽匠，她富有创造力，热心指导过不少当今英国最优秀的帽子设计师。她回顾了自己 1947 年在伦敦西区的学徒生活——捡大头针、采购装饰用品、买点心、端茶倒水，每周能有 1 英镑的收入。萨罗普说，做学徒 "要做一年端茶倒水的活儿，再跑腿跑一年，然后缝上一年的束发带"。他们工作和吃饭都是在地窖里，每桌由一名女领班监督。玛丽·奎恩特（Mary Quant）还记得 20 世纪 50 年代在一家作坊里被胶水味呛到，那里与 1970 年伦敦最知名女帽设计师温迪·埃德蒙兹的工作室没什么区别。按她描述，二十个女孩挤在密不透风的地下室里，她们围坐在圆桌旁，各自的工作空间都十分狭窄。面对煤气炉、蒸锅及胶水散发的刺鼻恶臭，她们没有任何保护措施。工人时刻处于赶工的压力之下，改进产品的需求也从未停止，手指都磨破了皮。

范妮·伯尼（Fanny Burney）的小说《流浪者》（1814）中也有过类似

描述。女主人公埃莉诺为了微薄的薪水辛勤劳作，她工作的女帽作坊和商店"无时无刻不充斥着匆忙、嘈杂和干扰……帽子加工的工作量最大、创造性投入最多、需要人工也最多，回报却最微薄"。顾客戴着"未结款的羽饰"在店里来回走动，但是埃莉诺并不同情制帽工人，因为"他们同这些顾客一样，也谈不上正直……会玩弄些以陈充新、以次充好的把戏"。伯尼记录了工作间内严格的职场等级，温迪·埃德蒙兹对类似的等级制度也有印象——初级职工可能会被提拔为助理帽匠或机工，运气好的话，还可以成为女领班或首席帽匠；但是也可能守着一份收入微薄的工作一干就是 40 年。首席帽匠负责制作最优质、最复杂的帽子，但若想在工作中更进一步则非常困难——通常情况下，如果你想要从事帽子设计，必须拥有自己的生意。莉莉·达奇之所以能成为好莱坞和纽约上流社会的制帽商，关键的一步就是买下了一家帽店。可可·香奈儿（Coco Chanel）是以帽匠身份起家的，事业的上升期始于她的情人在 1912 年为她买下一家帽店。

到 20 世纪 30 年代，宣称奢华高档的时尚女帽也开始在欧洲和美国的高端百货商店售卖。纽约的萨克斯商店在 20 世纪 50 年代雇用了流亡帽匠塔蒂亚娜·杜·普莱西克斯（Tatiana du Plessix）。据她女儿回忆，母亲的桌子上"总是铺满成卷的毡绒、大量的薄纱、金属薄片……罗缎、丝带……成束的羽毛，大片的粉色玫瑰，在这一堆东西之上悬着蒸汽压熨机，准备将毛毡和麦秸塑造成它们最终的形状，布列塔尼帽、平顶硬草帽、头盔帽、贝雷帽等等不一……妈妈在前面坐着，为天鹅绒造型，蒙上透明硬纱或是绸缎"。可悲的是，等待着这堆可爱物件的却是一场虚荣的篝火，1965 年帽子市场不景气，塔蒂亚娜被无情辞退。汤姆·卢埃林（Tom Llewellyn）在卢顿的狭窄街道中拥有两间通风良好的房子，房间内的气氛则要欢快很多，丝带、羽毛和薄纱将毛毡和麦秸变成美丽的帽子。我有幸观看了帽匠的工作过程，见到了为伦敦展销厅定制的时装帽子，以及为荷兰铁路工作人员制作的整洁毡帽。

18 世纪的时尚图片表明男士出现在女帽店中并不仅仅为了购物。"性"的问题一直困扰着女帽行业，但艾米·埃里克森（Amy Erikson）近期的研究表明，尽管存在这样的中伤——尤其是在流行行业指南中——但是他认为"女帽学徒诱惑男性的概率……不太可能比其他群体高"。如他所说，"在女性参与的商业活动中，商业交流与性的这种联系……长久以来就存在。" 1781 年，在理查德·谢里登（Richard Sheridan）的剧作《造谣学校》（1777）中，放荡的约瑟夫·瑟菲斯狡黠地提到他的"法国小帽匠"。一个世纪以后，乔治·吉辛（George Gissing）的小说《禧年》（1894）中，比阿特丽·弗兰切希望能够从事女帽制造与销售，因而被戴蒙雷尔夫人评头论足："弗兰切小姐，我想你是加入了女帽行当吧。这样说来，你那些不良行为倒也不奇怪了。"哀叹国家的衰落时，她大声抱怨："做女帽的女人现在都有头有脸儿了！"——分明就是在说达夫·戈登（Duff Gordon）女士，也就是取得非凡成功的露西尔。直至现在，雪莉·赫斯和温迪·爱德蒙兹都还记得当学徒时，关于她们的桃色绯闻从未中断过。

帽子的鼎盛时期

在欧洲，世纪之交的几十年是帽子的鼎盛时期——不仅是对于戴帽子的人，对它们的制作者、售卖者，乃至这一切发生的地方而言也都是如此。1900 年的卢顿拥有至少 500 名帽匠。随着克里斯提帽店的迁入，同时期斯托克波特的制帽厂雇用人员也超过 10000 人。此外，提到帽子自然绕不过巴黎，如同科尔·波特（Cole Porter）在歌中唱的："如果被哈里斯拍一下能换来一顶巴黎帽子——没问题！"

鲁斯·伊斯金（Ruth Iskin）在其关于印象主义和 19 世纪消费文化的专著中，认为埃德加·德加（Edgar Degas）的女帽画作居于巴黎印象派的核心地位。有些作品对大众消费进行了描述，与埃米尔·左拉（Emile Zola）的小说《女士乐园》（1883）表达了相同的主题。19 世纪末，零售业在城市中得到发展，为女性提供了独立的休闲活动，提供了就业机会。然而，这也引发了人们对女顾客、女店员的道德和物质福利的猜疑。女性参加工作、从事销售或是独自出现在公共场合都会让人不安。左拉小说的背景就设置在巴黎的一家百货商店，小说将商店中的帽子陈列描绘得如堕落地狱一般，充满狂热的情欲。

伊斯金指出，"在 19 世纪晚期的巴黎，经营女帽店会被认为是轻佻的"，人们也常常将德加关于女性帽匠、售货员和顾客的作品置于这一背景之下进行解读。但那些戴着高顶礼帽的男士并不会像对待芭蕾舞女一样潜伏在她们身边。同其他收入微薄的女性一样，这些从业者很可能会通过性交易这种方式来补贴收入，但这不是德加的主题。从纽约大都会博物馆收藏的一幅粉笔画作〔9〕中我们可以看到，时尚的资产阶级女性专注地挑选帽子，因为那是一身得体服装的关键，衣着整洁的女售货员会从旁协助。女顾客戴着一顶花朵装饰的系带软帽，站在镜子前仔细端详，镜子遮住了后面拿着羽饰帽的女孩。这无关乎色情，不是左拉小说中描述的性狂热，只是女性寻求得体头饰的正常诉求。

德加对帽子的关注到了令人惊讶的程度。他将观画人视为顾客，聚焦帽匠的工作，详细展现了这种精巧而细致的工艺，令人满意却也十分艰辛。本章开篇，我们提到了弗吉尼亚·伍尔芙小说中强调帽子重要性的雷洛娅，对她那被货架震惊的丈夫塞普蒂默斯而言，雷洛娅的女帽店是他的"庇护所"："彩色珠子……各种形状的硬片……羽毛、亮片、丝绸和丝带。"他发疯前

▲〔9〕埃德加·德加,《帽店》,法国,1882

做的最后一件事就是为客人制作帽子:"他开始把颜色古怪的部件拼凑在一起,虽然他连个包裹都打不好,但有着不俗的审美……一直低声嘟囔着:'她应该拥有一顶漂亮的帽子!'"在伊迪丝·华顿(Edith Wharton)的小说《欢乐之家》(1905)中,莉莉·巴特家道中落,处境极为艰难。走投无路之下,她到一家臭气熏天的女帽作坊做了装饰女工,她以为自己所需的只是好品位。莉莉最后被开除了,曾为她增添优雅魅力的帽子给她带来了最深重的打击。帽子变化莫测,如斯蒂芬·琼斯所说,它们并不总是乐意被掌控;帽子固然美丽,但也会带来挫折和失败。

高顶礼帽

19世纪末，印象主义眼中的巴黎和巴黎时尚女性的明快形象被破坏了，始作俑者便是横空出世的黑色丝质高顶礼帽——一种流行过很长一段时间的纤巧物件〔10〕。它的出现填补了1810年至1870年海狸帽和圆顶硬呢帽之间的空档期。高顶礼帽问世时被当作高级时装，但它满足了普遍的社会需求，因而迅速普及，在蓬勃发展的旧衣市场上也很受欢迎。从19世纪下半叶到第一次世界大战，高顶礼帽和圆礼硬呢帽和谐共存，互相不可以替代——圆礼硬呢帽成为城市里的日常着装，而高顶礼帽则被用于庆典和节日场合。布便帽无论有没有帽檐，都属于劳工阶层戴的帽子，但在19世纪末被引入农村后，变成了上流社会的户外运动装备。毡帽的生产过程中存在一些有毒工序，与之相比，制作高顶礼帽的危害要小很多。弗雷德里克·威利斯（Frederick Willis）在伦敦从事帽子的制造和零售工作，他写了一篇风格欢快的报道，记述了在世纪之交的黄金时期从事与高顶礼帽有关工作的经历。

他告诉我们，第一顶高顶礼帽直接脱胎于旧式英国海狸帽，后者在现代社会中显得过于笨重。1800年前后，法国人对高顶礼帽进行改良，在表面覆上了一层绒毛，"法式优雅与英式沉稳的结合使之成为文明的象征"。威利斯最初从事出版工作，在布莱克法尔初次接触帽店工作时，行业中盛行的无组织状态与书籍世界的古板形成了鲜明对比，给他留下了深刻印象："人们在工作中不会受到监视……工人可以自主安排自己的工作……店主从不会到店里耀武扬威……工作量通过计件来衡量，工人自觉工作……就如同是为自己工作一样。" 他们抽烟、交谈、唱歌，因为工作环境温度高，工作时就穿着汗衫、旧裤子和围裙。帽匠的古怪名声并不总是汞中毒的结果，威利斯回忆起他们在厂房外的形象——着大衣，戴高顶礼帽，却又穿着背心和脏裤子。有个叫查理·韦伯的工人不喜欢厂房里的厕所，经常可以看到他沿着黑修道士路去最近的公共厕所。他穿着漂亮的大衣，戴着闪亮的高顶礼帽，腿上却是一条破破烂烂的裤子，脚上的旧靴子需要用绳子捆住才不会掉下来。

　　我们知道，商店的关门，把帽匠们从伦敦赶到了丹顿和斯托克波特这些没有工会的地方，但伦敦帽匠还是将传统传承了下来。威利斯称他们为工会先锋——1890 年，伦敦的帽匠独立于任何一家公司，除一人外全部加入了工会组织。工会对学徒期和工作量进行规范，明确了工作量与时长无关。那些顽固的法国帽匠的情况同这里别无二致——每个人都可以按自己的节奏工作，他们自行决定工作量，没人因为收入的差异烦恼。这些人上下班时间很随性，餐饭也都是自备。但是工厂主在办公室和库房里拥有绝对的权力，他可以辞退员工，并有权拒收有缺陷的工件。除支付工钱之外，他没有任何义务，工人的义务则无非是要做好帽子。

　　威利斯着重指出制帽行业的劳动密集性："最成功的人都会量身定制帽子"，而制帽的每个阶段都需要手工完成。这些"最成功的人"不仅要求帽子合体，还需要人来对它们进行清洁、重新塑形，还会关注下一季的上新款式。帽匠认为制帽有别于其他手工，他们创造的产品具有超越商业价值的意义，大规模生产依旧遥不可及。这种自主意识在销售和保养帽子的商店中得到体现。展示的重点不在于帽子，而在于帽匠的品位和能力："帽匠橱窗内象征性地展示着一顶丝质帽子，它就像是一只准备参加奥林匹亚猫展的选手，享受着精心的梳理和保养。"威利斯还记得，当时一位帽匠对自己的橱窗展示非常得意——三只白色盒子上分别放置着黑色丝质高顶礼帽、浅灰色丝质高顶礼帽和折叠式大礼帽。但人们似乎并不买账，认为这种布置太浮夸。这些商店表面上是对所有人开放的，"但从没有粗俗之人跨过这道门槛"。

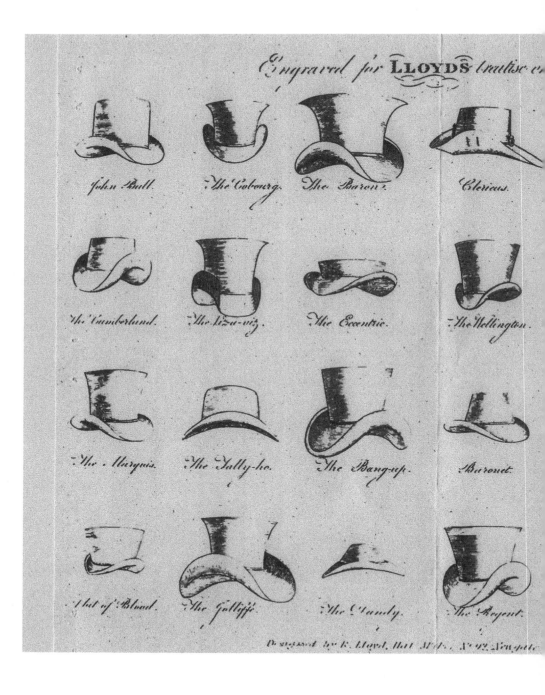

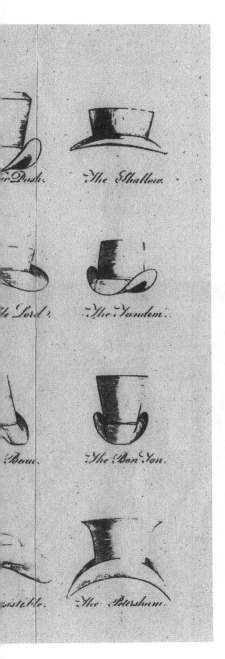

▶〔10〕19世纪的高顶礼帽，劳埃德的《帽子论》

　　不知是因为法国是帽子的精神家园，抑或是因为这里的精英主义不似英国那样强烈，如今许多法国城镇中仍然开设帽店。图尔市有一家 19 世纪创立的老店，还有一家两姐妹经营的新店在从事帽子的制售。在邻近的洛什小镇，镇中心的五月帽店〔11〕1850 年就存在了。现在的主人从母亲那里继承了这家店，店是母亲从一位帽商手中接手过来的，自 1930 年就开始装饰和售卖帽子。一路走来，店铺几乎没什么变化，粗糙的木地板、橡木柜台、沿墙壁放置的货架都还是原来的样子。门的右边是当初进行帽子成型和加工的地方，左边是店面。这是一处两室的公寓，房子背面和楼上是储藏室。

▲〔11〕"五月帽店"，法国洛什，2014

现在的店主生活富足，在帽子以外还经营围巾和箱包业务。店里有一套头部尺寸量具，但据说已经好久不用了。店主还向我们展示了一顶"吉布斯"帽（一种折叠式大礼帽），轻轻拍击时仍能发出清脆有力的声音。

弗雷德里克·威利斯后来成为伦敦圣詹姆斯区的一名帽匠，工作在"粗俗之人"不能涉足的那类商店里。圣詹姆斯街上的洛克帽店（Lock & Co.）就是这样一家店。它与五月帽店没太大区别，风格精巧、传统，帽匠的制帽工具被放在后院，沿墙木架上摆放的白色盒子上印着英格兰最为人们熟知的一些名字。无论在巴黎、纽约或是卢顿，自19世纪鼎盛时期起，帽子生意如夏雨般来去匆匆，但圣詹姆斯街上的洛克帽店〔12〕存活了下来。1686年，乔治·詹姆斯·洛克（George James Lock）开始租用这个店面，几代人辛勤经营，最终在1913年买下这处房产，这家店至今仍然由洛克家族成员负责经营。家族史研究者认为，洛克家族成员的个性中融合了城市商人的精明和天生的绅士气质，这种特性同他们所居住的地方完美契合，造就了他们的成功。曾有一位家族成员因为过于强调绅士气质，而忽视商人本性，差点葬送了家族产业，但这种情况只发生了一次。

如果说时尚总是时刻面临被淘汰的威胁，那么洛克家的帽子则已经超越时尚，成为永恒的经典。无论正确与否，女性都被认为导致了时尚潮流的多变——尤其在女帽领域——而如今洛克家的客户都是男性。男人的帽子具有强烈的象征意义，但这并不意味着他们不注重时尚——洛克创造了标志性的圆顶硬呢帽和精致的灰色阿斯科特帽。洛克家的帽子有着明确的客户定位，渗透着博·布鲁梅尔（Beau Brummell）的观点，即展现一个人品质的不是他的衣着风格，而是他所着服装的裁剪、材质和工艺。

在商店的后部和楼上仍然进行着帽子的整理、装饰、塑形和修补等工作。洛克家使用的帽坯最初来自柏蒙西，后改从斯托克波特和西班牙采购，

▲〔12〕洛克帽店（伦敦店）

但他们并不依赖特定的供应商，而是只选择能够满足他们严苛要求的商家进行合作。因而，他们的生意基本不会受到财富波动和劳工骚乱的影响——正如店里一位友善的年轻人所说，"圣詹姆斯街上并不经常发生罢工"。他拒绝了在高校就职的机会来到店里工作——这也证明了洛克家族管理上的精明。他熟悉洛克家族的历史，能够胜任帽檐塑形、短绒毛修补这样的技术活，也可以担任销售。家族史学家弗兰克·韦伯恩（Frank Whitbourn）说："一位真正的帽匠同单纯的售货员之间的区别就在于是否充分了解所售商品。"虽然有着悠久的历史，但洛克家族的帽店不是博物馆。"这里发生的一切令人着迷，帽店有着厚重的历史底蕴，更重要的是它仍在运作……这是一种古老却有效的经营模式。"

20世纪中期，帽子和那些严重依赖帽子的人们以及城市逐渐面临危机。但凭借深厚的制帽工艺底蕴和精明的家族基因，洛克家族的生意屹立不倒。昔日的乔治·詹姆斯·洛克展现出非凡的远见——他租用圣詹姆斯街的店面，跟随帽匠做学徒并娶了帽匠的女儿。这处店面靠近绅士俱乐部、圣詹姆斯宫和伦敦西区，一直处在上流社会的时尚前沿。店内狭小局促、光线昏暗，却仍然吸引着威廉·萨克雷（William Thackeray）笔下的"魅力人士"。新婚后不久，剑桥公爵夫人就戴上了洛克家的帽子。要知道，这位夫人如果相中了什么时尚服饰，可以随时清空货架。

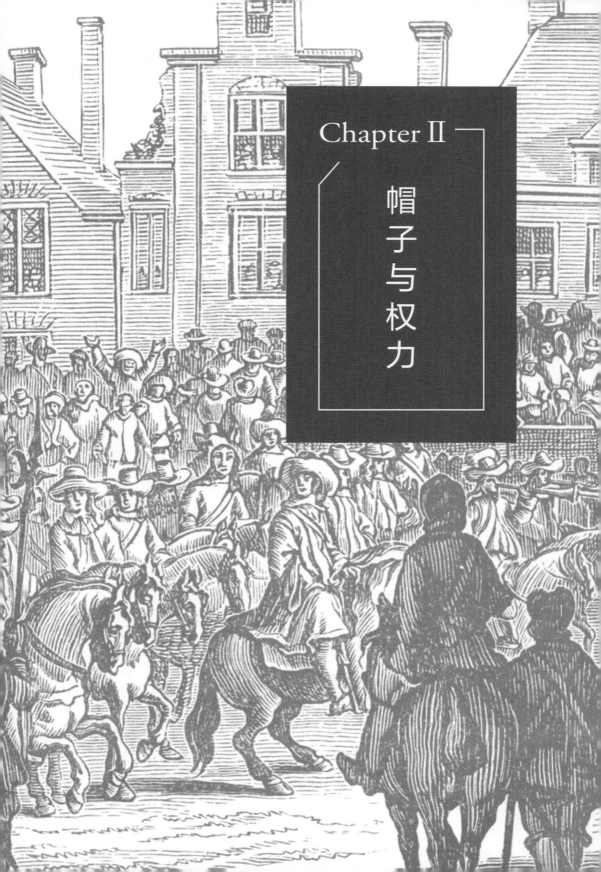

Chapter II

帽子与权力

对于某些社会阶层来说，帽子的象征意义极为重要，甚至超越了保暖和时尚等功能。对王室、神职人员和军队而言，他们的帽子是宣传自身公众形象时至关重要的部分。在这些社会领域，穿戴者和旁观者对应该穿戴什么和不应该穿戴什么有着根深蒂固的看法，形成了一套繁复的着装要求，且这些要求已经与历史传统（通常值得怀疑）建立了缜密的联系。在帽子的角色尚未得到明确认可时，人们也常常会不自觉地假定，例如戴某种帽子能够赢得尊重，表明忠诚或是宣示神圣。本章开头我们将研究英国君主是如何在佩戴帽子时体现这些需求的。

不自在的脑袋

"我只想要安逸、宁静、开开心心，他说着摘下自己的王冠，可现在却为王室身份所束缚，王室生活实在令人苦恼"，在黛西·阿什福德（Daisy Ashford）的《年轻的来访者》（1919）一书中，威尔士亲王伯蒂向萨尔塔纳先生这样说道。从王冠、系带软帽，到洛克家的帽子——帽子可以说是服饰中最不必要的元素，但又最为强大。"统治者若想通过一些花哨的东西来强化与被统治者的关系，帽子最合适不过"，历史学家迈克尔·哈里森（Michael Harrison）认为，"叫王冠也好，皇冠也罢……它仍是一顶帽子"。撒切尔夫人（Mrs. Thatcher）前往俄国与戈尔巴乔夫（Gorbachev）会面时，菲利普·萨默维尔（Philip Somerville）为她制作了一项巨大的黑色狐狸皮帽，引起了巨大反响，获得媒体好评。无论是政客还是君主，都需要一些引人注目的配饰，以掩盖他们也不过是凡人的事实。虽然接下来我讨论的是帽子而非王冠，但是即使摘下，王冠也仍会笼罩在王室头顶。

弗雷德里克·威利斯在（帽子逐渐消失的）1960 年写道："关于帽子的问题是很重要的……摘掉警察的头盔，就毁了他们的权威……扯掉银行信差的丝质帽，就是瞄准英国金融心脏的一击。"威利斯的洞见源于与帽子打了一辈子交道，但直至最近，帽子仍是具有强烈等级、经济，甚至是宗教意味的物件，其佩戴受到严格的礼数约束。对王室而言，制约因素有多种。一方面，帽子的作用与制服相似，是职务的标识，如王冠或者警盔。之所以佩戴它们是因为在某些公众场合下是"正确"的。另一方面，与王冠又有所不同，帽子还具有现代性——它也是特定场合下个人形象的一部分。与大家一样，王室希望佩戴自己喜欢、符合自我身份认知的帽子。与此同时，第三个因素也至关重要：时尚。君主可以选择是否追随时尚，他们甚至可以创造新的时尚。穿戴过于新潮可能会显得不得体，但穿戴过时则更糟糕。他们必须就戴什么帽子做出决定，无论如何决定，形象总要公之于众。王室帽子托制造师史蒂夫·莱恩（Steve Lane）向我描述了在决定做出之前，对于一种风格的建议是如何层层通过策划者、设计师、服装师，而后才传达给女王本人的。君主的决定受到诸多限制。

王室男性

王室帽子真正出现的时间是汉诺威王朝，"为了打造与凡人无异却神秘的王室形象，王室成员希望借帽子表现与民众的亲近，同时制造距离感"，琳达·科利（Linda Colley）如此说道。1660 年，联邦政权【编者注：克伦威尔 1649 年处死查理一世（Charles I）后，废除英格兰的君主制，并征服苏格兰、爱尔兰，在 1653 年至 1658 年期间成立了英格兰–苏格兰–爱尔兰联邦】覆灭后，英国重新迎回查理二世（Charles II）。这位新国王在骑马进入伦敦市时摘下了帽子，一改往日神秘疏离、高高在上的形象，表现出对民众的亲近与尊重。礼法规定，国王与他人共处时是唯一可以戴帽子的人，但在上述场合，查理二世谦逊地把自己的羽饰海狸帽拿在手中〔13〕。在高顶礼帽和圆顶硬呢帽于 19 世纪出现之前，16 世纪以来的欧洲上流人士都戴深色的海狸毡帽，款式分为三角帽和双角帽，装饰各异，有些不尚朴素，有些则饰以羽毛或穗带。查理二世戴的是早期的骑士帽。三角帽和双角帽在 18 世纪先后被欧洲和北美的军队用作军帽，后来则成为备受青睐的王室头饰，尤其是在北欧国家。

1779 年，乔治三世（George III）为王室成员定制了温莎制服——红色和金色装饰的蓝色外套搭配三角帽。他也喜欢穿着资产阶级礼服，戴朴素的毡帽，并乐于看到臣民的诧异反应。事实上，他的风格与朴素化着装的理念非常契合，与法国君主相比，他在切换着装风格方面做得更加自如。菲利

▲〔13〕查理二世入城，1660

普·曼塞尔（Philip Mansel）在《着装中的统治力》（2005）一书中阐释了法国王室服装中尚武精神的缺失如何破坏了王室的形象。一般而言，帽子上的穗带、帽章和羽毛等装饰物的数量体现了官阶的高低。羽毛可以说在其中扮演了举足轻重的角色——君主也需要作秀。与乔治三世不同，乔治四世（George Ⅳ）对镀金和羽毛的使用毫无节制，这一点从他设计的加冕礼中就可见一斑。从王子蓬松的发型（实际上是假发）可以推断出他很少戴帽子，但是在托马斯·劳伦斯（Thomas Lawrence）1822 年所作的肖像画〔14〕中，乔治四世身旁摆放的高顶礼帽证明他并非对时尚一无所知。

▲〔14〕托马斯·劳伦斯，《乔治四世》，1822

王室女性

18 世纪中叶，女性开始走出闺阁，出现在街道、商店、公园等公共场所。在此之前，室内的便帽和户外的兜帽基本上就构成了女性帽子的全部。然而，在马术运动中，一些精英女性很早就开始戴男帽。男性将帽子视作等级和权力的象征，女性则不同，因而受到的约束也少了许多，可以有更大的空间来进行头饰的创新。真正开启帽子时尚新纪元的是法国王后玛丽·安托瓦内特——更准确地说，是她的服装设计师罗斯·贝尔坦。至今也鲜有帽子能够与贝尔坦的作品相媲美。乔治三世的王后夏洛特（Charlotte）虽然将法国王后的羽毛创意引入了英国宫廷（这种设计一直持续到 1939 年），但她本人却没有用过这种设计。霍勒斯·沃波尔（Horace Walpole）注意到夏洛特精美小巧的王冠，从她的画像推断她应该不喜欢硕大的帽子。

女性的头饰总是别出心裁的，但也可能造成麻烦，传递出错误信息。劳伦斯 1790 年为夏洛特绘制的肖像画传递出一种不安的忧伤，这种感觉主要源自散布在女王银发上的黑色丝带——这是艺术家挑选的装饰品。根据女王服装总管帕潘迪克夫人（Charlotte Louise Henrietta Papendiek）的记录，夏洛特对头饰很是不满，拒绝坐下配合作画。夏洛特讨厌这幅画，乔治三世勃然大怒，认为不戴头饰不合乎礼数。单就绘画而言，这是一幅出色的作品，但画家没能处理好个人喜好和大众标准之间的矛盾，这些饰品不经意间流露出夏洛特更真实的一面，以及她的哀伤。

通常来说，充分的点缀加上一位出色的画匠，就足以确保王室的威严形象，但摄影的出现使这种情况发生了巨大改变。尽管肖像照片可以进行修饰，但王室成员却避免不了被抓拍。一次，维多利亚女王（Queen Victoria）坐着拍照，拍出的照片令她大吃一惊，她亲手抠掉了照片上的脑袋和帽子。系带软帽没能帮她改善形象。1855 年访问巴黎时，她巨大的白色系带软帽

▲〔15〕维多利亚女王的便帽，约 1880

上点缀着羽毛和彩带，手提袋上面还绣着一条贵宾犬（难道是对东道主的恭维？），令巴黎人感到十分惊讶。

阿尔伯特（Albert）亲王重拾制服，但是维多利亚该如何协调尊严和时尚？她无法忽视时尚。命运为她做出了决定，丧偶使她只能选择一种装束：黑色绉纱衣服配上白色便帽和飘带，能够很好地衬托她，并修饰她日益增加的腰围〔15〕。这身服装在时尚和魅力方面有所缺失，但它朴素、舒适，使维多利亚成为体现历史传承价值的国家象征。但是我们的时尚概念本身就包含着变化的意味，而维多利亚的形象——就像是系着丝带的茶壶罩——显得既有距离感而又不起眼。

时尚偶像

美丽时尚的亚历山德拉公主（Princess Alexandra，威尔士王妃）出场了。简·里德利（Jane Ridley）在王子的传记中记载，"她和威尔士亲王爱德华王子（Edward VII）成为王室形象代言人，维多利亚一直拒绝担当这一角色……假如君主不再负责管理社会，那么维多利亚的女王之位将岌岌可危"。这对时尚夫妻善于交际，且对帽子有着不俗的品位，尽管身高问题一直困扰着他们。如瓦莱丽·卡明（Valerie Cumming）所说："汉诺威王朝一直试图通过与身材高挑的俊美异性联姻来改善基因，然而无论如何努力……把持王位的始终是小个子君主。"到了19世纪晚期，帽子的风头盖过系带软帽，女帽被花和羽毛淹没了，而亚历山德拉却巧妙避免了这种手法的滥用。她选择小尺寸的系带软帽或平顶硬草帽搭配发型，颇具风情〔16〕。这些帽子价格昂贵——第一次看到帽子的账单时她惊呼道："天呐，这太奢侈了！"然而这就是当时时尚行业的真实情况。

爱德华身材肥圆，不过，所幸当时英国的裁剪水平正处于顶峰，高顶礼

◀〔16〕爱德华王子（后来的爱德华七世国王）和威尔士王妃，1882

▲〔17〕爱德华七世和洪堡帽

帽为他在身高、优雅气质和庄重仪态方面增色不少。当制服与帝国的职责结合，庆典帽子上便自然出现了羽饰，爱德华充分利用了这一点。他引入洪堡帽〔17〕，将圆顶硬呢帽确立为城市着装，斥责时尚杂志发起的抵制圆顶硬呢帽运动。他将圆顶硬呢帽同燕尾服搭配穿着，这种源自欧洲大陆的时尚风格震惊了国民。这对王室夫妻成功融合了制服的功能性和对个性的表达，同时又不失时尚。然而，爱德华本人虽追求创新，但在对待其他人时，则是礼仪的捍卫者。有一次他看到自己的总管戴着圆顶硬呢帽进入宫殿，勃然大怒。这个可怜人辩解说："殿下，您坐趟公交车就明白了。"爱德华厉声喝道："公交车？荒谬！"

　　爱德华的侄女帕特里夏公主（Princess Patricia）是一位有主见的姑娘。肯辛顿宫中保留着帕特里夏公主的小皇冠，她戴起来精致时尚却稍微有些不合礼数〔18〕。那个时候，她的家人就应该想到有一天这位公主会嫁给一个平民百姓。后来成为玛丽王后（Queen Mary）的玛丽公主当时也有些抵触宫廷中的浮华时尚。她严肃而又腼腆，和夏洛特王后一样喜欢简单的羽饰帽，帽子高踞头顶时就如同一顶皇冠。这种风格由亚历山德拉公主引入，

▲〔18〕康诺特的帕特里夏公主，1901

玛丽将它演绎成为礼服装束中的优雅典范。1935 年，英国举办乔治五世
（George V）即位 25 周年庆典〔19〕，她在庆典上戴的标志性羽饰无檐帽成
为超越时尚的经典——令肯特公爵夫人（Duchess of Kent）优雅的宽边帽和
约克公爵夫人（Duchess of York）的羽饰黯然失色。玛丽曾试图禁用羽饰，
但根据查普思·查农（Chips Channon）的说法，由于乔治五世十分拘礼，
宫廷生活中仍然保留了"大量羽毛装饰"。

　　亚历山德拉和玛丽并不亲密，但她们似乎就帽子达成了某种默契。玛丽
王后和侍女辛西娅·科尔维尔夫人（Lady Cynthia Colville）到桑德灵厄姆
陪亚历山德拉喝茶。辛西娅夫人记得，自己挑选了"全国最好"的外套和帽
子，准备好步行 10 分钟前往庄园。王后这时突然出现，告诉她"不要戴着
帽子过去"。王后穿戴得像是"去参加派对，没戴任何帽子"。辛西娅夫人
把帽子摘了下来，两人坐了一段平稳的马车后，见到了穿着精致茶歇服、同

▲〔19〕王室周年庆典，1935

样没戴帽子的亚历山德拉。身着粗花呢套装、头发凌乱的辛西娅夫人有些困惑，心中暗想，对于王室茶会的奇怪着装规范，自己算是开始入门了。

神奇的曙光

乔治五世性格孤僻，不好时尚，每年定制的服装都大同小异——一顶稍微不同的帽子有时可以稍稍缓解这种单调。但在 1911 年的德里朝觐，朴素并没有帮他树立起威严的形象。瘦小的他骑着一匹小马进入了德里，同行的玛丽皇后这次戴的羽饰帽装饰华丽。乔治五世身着头盔和制服，但看起来并不比一名普通将军更加伟岸。杰西卡·道格拉斯·霍姆（Jessica Douglas Home）写道："人们看着身着盛装的王后，认为她肯定是把国王陛下落在英格兰了。"

具有讽刺意味的是，在现代君主中，反而是未进行加冕的爱德华八世（Edward VIII）对帽子及其意义颇有兴趣。他声称自己并不喜欢帽子，他乘坐飞机去参加父亲的葬礼，"下飞机时也没有戴帽子"——国王如果还活着肯定十分生气。但事实上，他与祖父阿尔伯特亲王一样多次引领帽子的时尚潮流。他戴高尔夫球帽，球帽便风靡一时；他戴贝雷帽，贝雷帽便能很快售罄。但是他推出的蓝色圆顶硬呢帽却并不受欢迎，他还会非常逗地补一句，"平顶硬草帽也没流行起来，出于对卢顿草帽业命运的担忧，我下定决心要复兴这种帽子"。

史蒂夫·莱恩说："帽子、羽毛、帽章，与男人们终究隔着一些距离，对男人们来说没太大区别。"但是历经了俄国革命和第一次世界大战，军装得到了较大发展，当初的想法此时看起来理想化得有些危险。即使是比照中产阶级的正常着装标准，王室男性们似乎也落伍了不止一个时代。爱德华虽然身材不够魁梧，但是时尚有型。他拥有电影明星般的面容，身边又有可爱的情人相伴，使他的形象更加时尚、更加深入人心。如果他成为国王，很有可能会为帽业带来振兴，帽匠们肯定会为此欢呼雀跃。毕竟，乔治六世（George VI）虽然与他的兄长容貌相似，但异常害羞，在时尚方面很难赶上后者。

伊丽莎白·鲍斯－里昂（Elizabeth Bowes-Lyon）将王室成员从1936年的退位危机中解救出来，由她重新确立的王室风格得到了时尚界的认可。服装和帽子看似无足轻重，但是战争期间伊丽莎白穿戴着克里诺林裙和宽边花式女帽各处奔走时，她慈爱的女性形象让人们逐渐淡忘了爱德华八世。设计师诺曼·哈特内尔（Norman Hartnell）和帽匠艾格·萨罗普重塑了王室的形象。萨罗普说："我为什么喜欢羽毛？部分是因为羽毛与王室的历史渊源……男帽中也出现过羽毛，但它们本质上更适合女性。"女性气质是伊丽莎白魅力的精髓。与肯特公爵夫人的简约优雅不同，这是老派装饰的光辉。装饰繁多的帽子让她更显矮小，她违背了所有既定的时尚规则，却在冷酷的现代世界里构筑起童话般的魅力。一名记者写道："在惨淡的20世纪70年代，一切都显得老旧丑陋，令人生厌，只有伊丽莎白王后是个例外。"

同众多青春期少女的漂亮母亲一样，伊丽莎白（Elizabeth）王后将女儿装扮得像个中年人。除了身高，两人在相貌上并不相像，现今的女王也是在近几年才摆脱了母亲的风格〔20〕。女王深知自己是国家象征，长期以来她一直拒绝戴有檐帽，可能就是为了保持在人们视野中的存在感。伊丽莎白女王1991年出访美国，根据安排，女王继老布什（George Herbert Walker Bush）总统之后发表演讲，但在场所有人都忘记了调整话筒的高度，最终电视上只看到了一顶帽子。一位摄影师抱怨道："就拍到了一顶讲话的帽子！"也许正是这次经历让她觉得有必要调整自己的帽子。当然，戴着王室阅兵礼三角帽和嘉德骑士团羽饰的女王无疑才是最自然的，也最具王室气

THE KING AND QUEEN WITH PRINCESS ELIZABETH, THE DUKE OF EDINBURGH
AND THEIR INFANT SON, PRINCE CHARLES

▲〔20〕英国王室家庭，1948

质。20 世纪 80 年代，戴安娜王妃（Princess Diana）俏皮的军帽形象可能也让人回味无穷。2012 年女王登基 60 年庆之际，法国《费加罗报》盘点了英国王室 50 年间的帽子，认为女王更适合"骑士风格"——其实就是羽饰海狸帽，都铎王朝以来女性权贵都会戴这种帽子。

插着羽毛束的帽子〔21〕欢快地游走在所有需要王室成员现身的"愉悦而美好的场合"，这是沃尔特·巴杰特（Walter Bagehot）的叫法。这种帽子也顺应了王室帽子固定化、象征化的趋势。曾为王室制作帽子的雪莉·赫斯非常遗憾地感慨，现在似乎只剩下了一种帽子……应了伊丽莎白一世的信条——"始终如一"。未来的王室成员要如何在高端时装与尊贵身份之间求得平衡，这会是一个有趣的问题。"你会希望未来的英国女王成为时尚偶

▶〔21〕女王伊丽莎白二世

像吗？"在 2012 年的庆典之后，设计师斯蒂芬·琼斯这样问道。"你不会。你会希望她看起来像一位公主。"那么王子们的情况又如何呢？事实上，也不像史蒂夫·莱恩说的那样——"对男人们来说没太大区别。"自亚历山德拉以来，王室女性成功地形成了自己的风格，以令她们舒适的方式掌控着王室身份标志与表达个人风格、追求时尚间的平衡，而男性则不具备这种自由发挥的空间。如果不投身军旅，那么王室男性与帽子会有什么联系？王室成员也有他们的遗憾。

神圣的帽子

礼冠、王室帽子与教会的帽子有着许多共同之处。它们的目的就是要令人印象深刻，在展现权威和权力的同时赢得尊重。帽子能够表明戴帽者是否在当值。但是，当我们谈到教会神职人员的服饰时，我们很快就能明白，它们对官方（或主持）地位指示的正确性可能会面临争议。神职人员的头饰戴起来虽然不及冠冕那般麻烦，但也很不方便。

乔治六世知道礼冠不仅隐喻着磨炼，实际戴起来也同样痛苦，他命人为参加自己加冕仪式的女儿们制作了两顶加衬垫的礼冠。国王加冕有其宗教含义——教皇或大主教将王冠置于君主受膏【编者注：《圣经》中提及的一种宗教仪式，以油抹在某人头上，赋予其某个职位，也有祝福、保护的意味】的头上，王冠做得格外沉重，象征着加冕者要同家庭和其他成员一起共同承担起上帝赋予的神圣重任。拿破仑（Napoleon）从教皇手中夺过王冠自行加冕时就想到，唯有教会能够挑战王权。只有教皇才拥有三重冠。当主教成为红衣主教时，教皇会将红衣主教的帽子授予他。罗马教皇的三重冠、红衣主教的帽子和主教的法冠不仅仅是一顶帽子，也是权力的象征。这些宗教头饰也像王冠一样，成为徽章、酒吧标志和纪念碑上的重要符号元素。

　　然而，神职人员帽子的相关情况很不明朗。研究教会服饰需要结合当时的社会背景，但这类服饰的变化速度相对落后于世俗世界，因而小说家们更多地把它们当作怪异着装对待。对神职人员自己而言，教会并不认为着装是教会职务的重要组成部分，宗教改革后的英国教会中对此几乎没有作任何规定。神职人员可以根据实际需要自主调整着装。教会虽然有意建立独立的着装体系，却并没有达到军队那种程度的制式。

　　许多教会服装都令人印象深刻，因为它们诞生的时间大都较为久远。教皇三重冠的原型是希腊的弗里吉亚帽。在罗马，人们只有在旅行或室外劳动时才戴帽子，而且也只会戴宽边帽或者服帖的无檐锥形帽。前者演变成了罗马天主教红衣主教的法帽，后者则演变成四角帽，也就是宗教改革期间教士们戴的方形帽。教会头饰中最经久不衰的当数主教法冠，天主教主教的法冠由教皇授予，在实行新教的英国则由君主授予。与教皇的三重冠一样，它最初只是纯白色的锥形便帽，只不过多出两只角，形状和装饰也没有宗教意义。罗马天主教头饰涉及的内容非常丰富，但我只关注它为发展中的英国国教提供了怎样的参考和借鉴——哪些被沿用，哪些被淘汰了。

　　兜帽和方帽是英国天主教神职人员的标准头饰。它曾在寒冷的教堂为教士们带来温暖，现在的使用价值已经不大。珍妮特·梅奥（Janet Mayo）指出，在如今的英格兰，规范的宗教着装的重要性仍然和宗教改革时期一样。"因为新旧秩序更替时，人们就是穿着这些在做礼拜。"尽管它们不具有深层的宗教含义，却依然会令人焦虑。1559 年，一位主教就四处打听，才终于有人告诉他戴便帽没问题，但白色罩衣是罗马天主教的着装。在女王规定神职人员戴方帽之后，方帽被赋予了一种情感意义。这种情况在规范着装时时常发生。伊丽莎白只是希望神职人员的着装能有所不同，但清教徒们认为这种帽子没有宗教含义，也与天主教仪式无关，其联系是被人为地创造出来的，所以极力抵制方帽，转而坚持戴海狸毡帽。当清教徒脱离国教时，争论才得以平息，方帽得以保留。

在天主教会中，高级神职人员会在宗教仪式中戴头饰；新教教规则规定"除身体原因外，任何人都不得在教堂内遮盖头部"。在两个教派中，女性的头部都应该是被遮住的。可以想见，都铎王朝统治下，英国在天主教和新教之间的切换，加之内战动荡及清教徒过渡政权，神职人员和教众不仅精神上焦虑，在着装方面也倍感迷惑。此前，教堂一直就如同城镇广场一样，人们走动、谈话、做礼拜时都戴着帽子；在17世纪荷兰的艺术作品中，也能够看到戴着帽子的男人在漫步、聊天。

但是当佩皮斯在16世纪70年代指出教会中对帽子存在分歧时，就已经划分了阵营。神职人员能够结婚意味着神职人员获得了另一种社会地位（教区牧师也成为家庭中的一员，要求获得尊重）。基督徒是否要戴帽和为什么戴帽的问题变得更加复杂。

贵格会

对贵格会教众而言，帽子成为引发分歧、法律纷争和暴力事件的焦点。帽子体现了男人的地位，让人们获得所谓的"帽子荣耀"——戴在头上时彰显了自己的尊严；脱下来是对他人的尊重。贵格会的创始人乔治·福克斯（George Fox）在他的主张中宣称基督徒裸露头部是违背教义的："鞠躬并且裸露头部的人，你为造物主守住了什么？"他说，只有自豪才会需要"帽子荣耀"。贵格会遭受各种折磨，宁愿被捕也不脱帽行礼。如此强烈的分歧源于混乱的社会礼节习俗与圣保罗对帽子的看法之间的冲突。圣保罗在给哥林多教会的信中写道，任何一个戴帽子祷告的男人都是在亵渎祷告。女人在祷告时如果没有遮住头，同样是一种亵渎。贵格会教众只有在祈祷时才摘

▲〔22〕关于贵格会的版画，1720

下他们的帽子，认为只有上帝才值得尊重——在 17 世纪英国动荡的政治环境中，这种立场十分危险。

贵格会的宽边帽〔22〕盛行于斯图亚特王朝复辟时期。当贵格会成员威廉·佩恩（William Penn）戴着他的宽边帽与查理二世会面时，国王摘下了自己的帽子，说与王室会面时通常只有一个人可以戴着帽子。查理二世问，他们的帽子之间有什么区别。佩恩回答说，他的帽子很简单，而国王的帽子装饰精美："我们宗教间的唯一区别就在于你们对它进行了修饰。"查理二世的温和缓和了局势——佩恩是对的，处于舆论旋涡中的帽子本质上是相同的黑色海狸毡帽，清教徒、贵格会教徒与保皇党之间的区别仅仅是帽子高度、帽檐宽度和装饰有所不同。贵格会和清教徒移民到北美，美国建国初期国会中戴的黑色帽子也许就是那些热血信条留下的痕迹。

福克斯对女帽，尤其是有檐帽，持完全否定的态度。但圣保罗说，女性的头必须被遮住。一些小冲突过后，最终结果是贵格会女性戴单调的亚麻系带软帽，帽带要系在下巴下。到了 19 世纪，这种帽子连同高顶男帽一起成为贵格会成员的头饰。贵格会从已有的风格中选择了最朴素的款式；圣公会也有类似的规定，神职人员的户外着装应遵循简约素淡的时尚风格，"一顶方帽、一匹马，足矣"。

圣公会神职人员

其实，圣公会教徒的大部分麻烦由户外戴的帽子引起。方帽因为无法很好地搭配假发，到 18 世纪基本已经退出人们的视线——正如我们都知道，选择帽子时肯定要考虑发型。低冠、浅檐的黑色圆帽〔23〕成为牧师的首选，同时也受到宗教界的普遍青睐。帕森·伍德福德（Parson Woodforde）记录了 18 世纪晚期自己担任英格兰乡村牧师时的生活，其中很少提及帽子，但

▲〔23〕神职人员的帽子，图中是诺曼·福布斯（Norman Forbes，1859—1932）正在扮演牧师

他在 18 世纪 70 年代花 1.1 英镑（合今天 125 英镑）购买的帽子应该就是这种款式。他提到了用于葬礼的帽带，这在三角帽上是见不到的。将简单的羊毛毡帽两边翘起，就变成了圣公会铲帽，这是 19 世纪常见的教士帽子样式。在一幅描绘维多利亚女王 1837 年即位场景的画作中，坎特伯雷大主教就拿着一顶这种帽子。这种帽子也被称作"宽边呢帽"（没有短绒毛），北美的贵格会教众戴过，在美国南北战争中也成为联盟军的军帽。

考虑到神职人员的职业性质，教会告诫教士们要避开花哨的帽子——帽子无疑是一种装饰品。如果牧师想通过帽子表明自己的身份，朴素的黑色帽子就是理想的选择，足以传递出德高望重甚至神圣的气质。但并非所有神职人员都这么认为。布里斯托尔伯爵弗雷德里克·赫维（Frederick Hervey）兼任德里主教，他就喜欢戴帽子。这位常年缺勤的主教钟爱旅行，但讨厌爱尔兰的天气，他的穿着在国外引起了轰动。在 18 世纪 80 年代的罗马，他的红色毛绒马裤和大草帽被认为是爱尔兰的传统服装。此后 10 年间他的着装愈发古怪，有人看到他戴着一顶紫色镶边的白帽子。1805 年，仍旧是在意大利，他戴着"饰有金色流苏的紫色天鹅绒睡帽，帽子正面看起来与主教法冠有几分相似"——勉强与他的职业还有些联系。

如果说在戴帽子方面有怪癖还情有可原，那么主教旷工则另当别论。到了 19 世纪 30 年代，圣公会的散漫已经成为公开的丑闻。经济方面，教会已经是摇摇欲坠，想维持家庭原有的生活水平，往往都要依赖地方显贵。主教缺勤则是经常发生的事，教区的工作都由教士助手完成。1830 年，助手们的平均津贴为 81 英镑（约合今天 10000 英镑），收入比大多数教区居民都要低。政治改革和教会改革为 19 世纪文化界提供了生动的现实主题，当时的小说家们在他们的作品中对此进行了探讨：一位贫穷的教士应该穿成什么样？

乔治·艾略特在《教区生活场景》（1856—1858）一书中提出了疑问。故事发生在 19 世纪 30 年代，家中养着妻子和六个孩子的副教士阿莫斯·巴顿为了不损害教会的颜面，虽然生活条件发生了变化，但帽子却并没有改变。他的妻子为了维持他们的体面生活，履行她的基督徒职责，最终付出了生命。就像 19 世纪 30 年代教会报告中提到的勤勉牧师一样，人们总是可以看到阿莫斯"戴着顶软塌塌的圆帽从村庄的一头匆匆赶往另外一头"。手艺人也会戴这种圆帽，人们经常将它同圆顶硬呢帽弄混。这种圆帽用硬羊毛毡制成，比铲帽小一些，质地也更粗糙。

艾略特将故事背景设定在改革法案颁布时期。无独有偶，夏洛蒂·勃朗特（Charlotte Bronte）的小说《谢利》（1849）的故事背景就是 1811 年的勒德暴动。勃朗特笔下的模范教区长赫尔斯通先生是小说女主角卡罗琳的监护人，他的帽子就是他本人的化身。在外，他"是享有圣俸的教士，穿着全套教士服，头上顶着华盖似的铲帽"，帽子代表着他对教区工作的热爱。但是，就如卡罗琳说，在家时他严厉而沉默，怕是把和善可亲的一面连同帽子一起落在教堂了。与罗伯特·摩尔约会时，卡罗琳突然看到"月下墓碑上投下了铲帽的影子"。赫尔斯通来了，她赶紧让爱人离开。但是，每年的学童招待宴会上都可以看到铲帽的和善一面，赫尔斯通会举起帽子示意晚宴和娱乐活动开始。

安东尼·特罗洛普（Anthony Trollope）在异教和天主教解放运动【编者注：指 18 世纪末、19 世纪初在大不列颠和爱尔兰兴起的一场运动，旨在解除对天主教徒享有公民权和政治权的限制，并使天主教徒获得法律地位】威胁英国圣公会之际创作了"巴塞特郡"系列小说，他对改革的态度更加暧昧不清。《巴彻斯特养老院》（1855）中的牧师是"圣保罗的化身……四大美德似乎就萦绕在他们神圣的帽子周围"。但领班牧师格兰特利摘下"崭新铲帽换上流苏睡帽"准备睡觉时，他的神圣光芒就黯淡了。格兰特利的铲帽和赫尔斯通的一样，代表着它的佩戴者，但缺少了赫尔斯通的那种职业感——"硕大崭新，引人注目，就像贵格会的宽边帽一样彰显他的教士身份"。格兰特利的"神职帽子"换了一顶又一顶，始终光鲜亮丽。他身上体现出教会的物质主义和对变革的敌意，他们相信改革以后，"天主教堂将会关闭，铲帽和细麻布衣裳将会被取缔"。

特罗洛普对教会的嘲讽源于世俗与神职人员之间的反差。但是格兰特利博士的帽子带来了欢笑，而非愤怒，他比《巴彻斯特大教堂》（1857）中奥巴蒂安·斯洛普之流的恶毒改革牧师更富有同情心。当斯洛普的晋升阴谋被揭露后，一位旁观者推测，"他肯定已经提前把帽子订制好了"。《弗莱姆利教区》（1861）中，姐姐取笑教士弟弟前途堪忧时，对铲帽进行了描述，"马克，你不是应该有一顶帽子吗？就是两侧上卷，然后用绳子系起来那种"——也许就是斯洛普梦寐以求的那种——如果没有，"我永远不会相信你是什么显要人物"。

英国圣公会的铲帽实际上与普通人的黑色毡帽没什么区别，只是帽檐稍微宽一些并向前伸出，帽顶要低些——德里主教和格兰特利可能不会认同这种看法，但如果想彰显教士权威、传递神圣感，铲帽恐怕难以胜任。帕巴拉·皮姆（Barbara Pym）的小说《佳媛》（1952）中，牧师的新巴拿马帽会一直戴到"丝带褪色，麦秸也变成灰黄色"。草帽是牧师夏季的理想选择，但是皮姆笔下的牧师朱利安似乎有高派教会倾向——他的巴拿马帽上挂着四角帽。而英国国教高派教会教徒帕尔瓦西·狄爱马（Percy Dearmer）对头饰的煽动性格外小心，在1899年的《牧师手册》中就提出反对四角帽，推荐佩戴方帽。他认为，四角帽会冒犯"数量众多"的杰出民众，令实现教会复兴变得更加困难。朱利安的一位教友就被"头顶陈旧的黑帽子触怒……突然间我们都要亲吻教皇的脚趾了！"

19世纪末至20世纪，英国国教的牧师除铲帽之外没有其他特殊的头饰，铲帽是进步的标志，至少在巴彻斯特是这样。直到1968年，坎特伯雷大主教都还有一顶侧檐上卷的铲帽。神职人员在城市中可以戴高顶礼帽，而普通的有檐毡帽则更适合城镇和乡村。到了20世纪中叶，人们不再戴帽子，牧师们为了不引人注目也停止了戴帽子。如今有些教区牧师甚至会戴棒球帽——尽管很可能不会前后反戴。然而在奉行天主教的欧洲，到了20世纪后期，牧师们仍戴着浅顶毡帽。

犹太头饰和"哈利路亚"系带软帽

优质毡帽的市场在1960年前后骤然萎缩，但这些帽子却依然活跃在一个宗教团体中：正统犹太教教规规定男人应该遮住头部，特别是集会时——与基督教的做法恰恰相反。然而，金口圣约翰（St John Chrysostom）评点圣保罗关于在教会中遮盖头部的规定时指出，在早期的基督教会中，男性遮盖着头部做祷告"是一种希腊式的做法"。这意味着早期的基督教仪式与犹太教并没有很大不同。古代希腊人在祈祷时会戴什么帽子是另一个问题，毕竟他们通常只在出行时戴帽。时至今日，犹太教俗教徒和神职人员戴的一些帽子仍与古老的贵格会风格类似，帽冠上有捏痕，与费多拉帽相仿。犹太男性通常会在帽子下面戴一顶紧贴头部的圆顶小帽。毡帽将我们带回到斯托克波特，那里曾生产出很多帽子。事实上，那里从事纺织业的大多是犹太人。哈利·伯恩斯坦在一战期间完成了他关于斯托克波特的回忆录，其中写到街道两边，基督徒和犹太人之间存在着一道"隐形的墙"。那时电报时常会带来噩耗，他记得一位犹太邻居跑到街上放声恸哭；"丈夫追着她，跑掉了圆顶硬呢帽，露出头顶黑色的圆顶小帽"。多年后，他发现哈里斯老先生仍然在"圆顶硬呢帽下戴着圆顶小帽"。在不可或缺的犹太圆顶小帽之外戴上英式圆顶硬呢帽，这可能是人们在艰难时世中为跨越那堵"墙"所做的努力。

救世军的"哈利路亚"系带软帽存在于时尚、教会和军队三者交汇的地方。在19世纪，诸如邮差、警察和护士等职业都拥有了自己的制服和制服帽。救世军男性的大檐帽能够体现军人气概，女性的黑色草编系带软帽看起来就十分古怪，而且毫无军事气息可言，巨大的蝴蝶结过于女性化。1890年，有檐帽取代了系带软帽，但有时过气的时尚单品会以制服的身份开启新生，系带软帽就是如此。它之所以能够被护士接受并建立起与高尚职业的联系，是因为它体现了女性的端庄。系带软帽与一般有檐帽不同，它能够遮盖住脸和头发。"哈利路亚"系带软帽能够赋予戴帽女性品行端正的光环，这种光环连同叛逆的气质共同传达出一种信念，激励她们去城市中最凶险的角落，同时也像头盔一样保护着她们。

战场上的帽子

国王和神职人员的头饰向周围传递着某种气场。有人会认为，士兵们把头部遮起来是出于更现实的原因，头部是全身最脆弱但也最明显的部位，头盔应该同时起到保护自己和恐吓对方的作用。君主的仪式头饰起源于作战装束，与军队存在着密切联系。国王作战时会在战斗着装中融入非人类元素以震慑敌人，王室在帽子上使用羽饰——无论真实的或者假想的——就是这种做法的残留。库尔兰公爵（Duke of Courland）是17世纪英国国王在波罗的海的盟友，他麾下北欧人兵团所戴的头盔就是用猎杀的动物的皮毛制成。这种既夸张又不舒适的帽子竟然以各种方式保留了下来，成为许多欧洲国家宫廷卫兵和近卫军的礼服帽——熊皮的尺寸和可怕程度最初肯定给人们留下了深刻印象。

军队的头饰和教会帽子都关乎权威和忠诚。2015 年 2 月，乔舒亚·里奇（Joshua Leaky）凭借在阿富汗战场的英勇表现被授予维多利亚十字勋章，他指着贝雷帽上的伞兵团徽章说"我唯一真正害怕的就是令它蒙羞"。对集体忠诚，以集体为荣是关键品质，对于精干的作战部队至关重要。所有部队都使用头饰来区分部别、军衔、礼服、常服和战斗着装。欧洲各国的军装大多形成于 18 世纪，当时战场上的关键问题之一就是在辨识国别的同时区分军阀和土匪。普鲁士人率先在国内推行了统一的军队制服，英国的汉诺威王室效仿了此做法。乔治三世和乔治四世对制服十分着迷，经常亲自进行设计。

作战头盔的变化通常对应着新式武器的引进。比如，宽大的帽檐会妨碍火枪的发射，因此采用了便帽的设计；然而，从盎格鲁撒克逊人时代到如今，金属头盔在战争中的使用似乎几乎没有变化。实战中，头盔必须非常实用，首要功能是保护，其次是伪装。就日常而言，军人更喜欢便帽、软帽和贝雷帽——军事展示中则着礼服帽子〔24〕。如麦克道尔（McDowell）所说："实用性让位于观赏性，现代让位于传统。大量华丽的装饰是被允许的。"乔治四世在各方面都很浮夸，他曾让军团士兵穿着古老的服饰，并重新启用盔甲、剑和熊皮护具。这些东西在 19 世纪早期的战争中毫无用处，却是当时 "哥特式"热潮的一部分。

法国大革命中的极端分子激进地排斥启蒙运动所宣扬的理性和秩序理念。大革命不仅改变了欧洲的社会和政治生态，也改变了人们的着装，包括头饰。18 世纪晚期欧洲军帽的标准款式是三角帽。为了体现各部队的独立性，帽子在细节上各异，佩戴的方向也各不相同。大革命后，人们极力回避与旧制度有关的任何东西，这种背景下产生了双角帽。这种帽子总会让我们

▲〔24〕王家卫队骑士，2014

▲〔25〕拿破仑的双角帽，1800

想到拿破仑和他的克星惠灵顿公爵（Duke of Wellington）。拿破仑戴双角帽时两角指向左右两侧，而惠灵顿公爵则是让两角前后向。拿破仑的帽子用革命帽徽装饰〔25〕；惠灵顿则采用了大量的羽毛装饰，以至于帽子几乎被淹没在了飘动的羽毛间〔26〕。惠灵顿的帽子以浓重的装饰见长，但拿破仑双角帽的素净造型则对后世产生了长远的影响——（其实他有很多顶这样的帽子）一顶在他位于荣军院的墓上，另一顶在 2014 年以 190 万欧元成交，成为世界上最贵的帽子。此外，拿破仑的盟友丹麦人以"拿破仑帽子"命名了一款蛋糕。惠灵顿则是因为他的靴子而让人铭记。

　　拿破仑时期，在家具、建筑和服装领域发展起来的审美标准华丽而不失克制，承袭了罗马帝国的风格。展现权力的元素被尽可能地从王室的锦缎、

▲〔26〕惠灵顿的双角帽，1800

假发和三角帽中去除。在安格尔（Jean Auguste Dominique Ingres）绘制的拿破仑加冕像中，背景幕布泛着金色光晕，皇帝神气地戴着桂冠，这顶礼冠中凝聚了奥古斯丁时代罗马与中世纪基督教世界的价值观，成为近乎宗教的非凡标志。这可以说是一种实现权力合法化的有效途径。拿破仑四处征战得来的战利品对这一时期的视觉文化产生了全面的影响——军队中使用士兵从东欧和中东掠来的头饰，其中包括熊皮帽、波兰的方顶流苏帽和来自匈牙利的平顶筒帽——好几个国家的军队都戴这种帽子，只是帽冠和帽顶的装饰有所不同。

后拿破仑时期的和平为英国军队增添了更多的异国风情。王室卫队骑士至今仍戴着可以追溯到1832年的古怪头盔，头盔最初的皮毛冠过于笨重，马毛不得不被换掉。部分军用头饰甚至跨界进入时尚圈。玛丽王后带羽毛簇的无檐帽会让人联想到筒帽——然而很少有人会反过来联想。戴无檐圆盆帽是19世纪60年代欧洲女性的一种时尚。筒帽形状简单，如果戴得得体，很容易吸引男性眼球。军队里将它作为"非执勤"状态时的着装，有些部队中直至一战都还保留这种帽子。到了20世纪，英国的电报报童、儿童旅及美国的行李生也还戴着筒帽。20世纪60年代，优雅偶像杰奎琳·肯尼迪（Jacqueline Kennedy）又使它再次回归时尚行列。

军帽必须传达法定的权威——军礼服帽用羽毛、毛皮和金属亮片作装

▲〔27〕出席撒切尔夫人葬礼的伦敦市长和伊丽莎白女王，2013

饰，这种老派荒诞的浮夸风格意在威慑对方。羽毛和三角帽在大众记忆中从
未彻底消失，它们始终在服装公司、议员、市长和王室车夫间徘徊。弗吉尼
亚·伍尔芙嘲笑这些帽子"变成了船形，两端翘起……黑色的锥形皮毛……
形似煤铲；现在红色的羽毛、蓝色的羽毛遮住了帽子"。到了 20 世纪 70 年代，
达灵顿仍规定法官秘书在履职时要戴帽，而秘书是否真选择戴帽尚不清楚。
在 2013 年玛格丽特·撒切尔（Margaret Thatcher）的葬礼上，伦敦市长戴
了一顶羽毛浓密的黑色三角帽〔27〕。权力枯萎时，羽毛却盛放了。

叛逆的帽子

我们刚刚一直在关注与等级、权力以及秩序有关的帽子。帽子通常也具有政治含义，其重要性就如同阅兵仪式中的坦克。而叛逆者和革命者也需要头饰来宣示他们的角色。富有革命色彩的帽子中最出名的当数红色的自由帽，它出现在欧仁·德拉克洛瓦（Eugène Delacroix）1830 年的画作《自由引导人民》〔28〕中。画中的自由女神融合了胜利女神与当代巴黎人玛

▲〔28〕欧仁·德拉克洛瓦，《自由引导人民》，1830

丽安（Marianne）的形象，她头上的弗里吉亚帽是古代奴隶被解放后特有的帽子，极富象征意义。帽子被在革命中抛洒的鲜血染红。对于法国人来说，这幅画仍然具有无穷的力量。 2013 年 10 月，愤怒的布列塔尼人戴着红帽子（系带软帽）在巴黎游行，抗议征收道路税，让人不禁联想到 17 世纪布列塔尼起义中的暴力抗议。这次警示过后，政府放弃了这项税收。

红帽子是德拉克洛瓦这幅浪漫主义画作的灵魂——革命领袖将这种平民便帽留给了长裤汉【编者注：法国大革命中人们对普通民众的称呼】。画中的另一位关键人物是穿戴燕尾服和高顶礼帽的优雅年轻人。这种风格有些不符合时代特征，因为 1789 年的巴黎时装界还没有出现高顶礼帽。在 1830 年的观赏者看来，高顶礼帽象征着年轻和现代性，不太可能是战斗装饰。叛乱者的帽子鱼龙混杂，其中有资产阶级的高顶礼帽，还有双角军帽、粗劣的圆顶高礼帽，晃着手枪的男孩头上戴着顶旧毡帽，狂热的工人头上顶着宽边软帽。帽子上的帽徽与自由女神手中高举的三色旗相呼应，自由女神踩在倒下的保皇派士兵身上，士兵英俊年轻的面孔和锃亮的头盔在画面前景中显得极不和谐。

革命前，法国的限制消费法对三个社会等级中两个等级的头饰作了规定：贵族戴羽饰三角帽，资产阶级戴黑色羽饰无檐帽。显然，1789 年之后，这两种帽子都不再是主流，但另一方面，正如麦克道尔所说的那样，"一旦革命结束，你就不能再戴着弗里吉亚帽来领导政府"。军官戴饰有三色羽毛的三角帽，而中产阶级的政治家青睐更加优雅的头饰，尤其是英国乡村绅士风格的帽子，即已经成为乡村着装的黑色高顶海狸毡帽。罗伯斯庇尔（Robespierre）戴的是圆顶的锥形帽，丹东（Danton）则喜欢平顶帽。1795 年，狂热的革命者雅克–路易斯·大卫（Jacques-Louis David）为谢利萨（M. Seriziat）先生画了一幅肖像〔29〕，谢利萨先生戴着高冠海狸帽，身上考究

▲〔29〕雅克－路易斯·大卫,《谢利萨先生》, 1795

的服装同样也是英国乡村绅士风格。帽子侧面刚好露出一枚小小的三色帽徽，毫不夸张地说，如果没有这枚帽徽，他的脑袋就危险了。

双角帽和高顶礼帽成为新式军队和新政权的象征。此时的异议者又该戴什么帽子？德拉克洛瓦的反叛者中有两位戴着更便宜的羊毛毡帽，这种帽子被叫作宽边软帽，帽子一边的帽檐向上翘起。高顶硬礼帽通常代表政界和社会中的保守势力。例如，19世纪盛行的高顶礼帽和圆顶硬呢帽就是政治和金融当权派的帽子。如果戴一顶软帽，特别是将帽冠拉下来遮住眼，那么这个人充其量是个流浪的外来者，甚至可能是个无政府主义者或间谍。这种帽子在塞缪尔·理查逊（Samuel Richardson）的小说《克拉丽莎》（1748）中声名狼藉。化装舞会上，邪恶的浪荡子拉夫雷斯甩掉他"懒散的宽边软帽，像弥尔顿笔下的魔鬼一样换上一副神圣的面孔"。又因为这种帽子帽檐宽阔且质地柔软，容易塑形，所以成为舞台上和小说中公认的伪装用帽。埃莉诺是范妮·伯尼小说《流浪者》（1814）中的女主角，她女扮男装，戴了一顶"小宽边软帽……遮住眼睛"，被认为是不正经的人，被轰出了音乐厅。

19世纪中叶，宽边软帽成了科苏特帽，令匈牙利的革命家拉约什·科苏特（Lajos Kossuth）声名大噪，帽子的贡献并不亚于他的政治抱负。当加里波第（Giuseppe Garibaldi）戴上宽边软帽时，它就正式成为危险理想主义者的帽子。在乔治·摩尔（George Moore）的小说《麦斯林一剧》（1886）中，几个英裔爱尔兰女孩乘马车前往都柏林城堡，她们在车上紧张地端详着街上的行人，"这些戴大帽子的人看起来好邪恶……我敢肯定，如果他们胆子再大一点的话，一定会抢劫我们"。爱尔兰共和运动中的激进派爱尔兰共和党人确实也戴这种宽边软帽，女孩们的焦虑很快被证实不是杞人忧天——她们现在需要担心的远不止抢劫。

女性戴宽边软帽则意味着一种完全不同的威胁，这种充满男性气概的颠

▲〔30〕女士宽边软帽，1923

覆性帽子是女权主义者的最爱。关于女性权利的争论在 20 世纪早期从未中断，却也从未像 20 世纪 20 年代这样带来如此强烈的视觉冲击。女性赢得选举后会剪短发，穿着超短的裙子。为了抵制传统女帽的大尺寸倾向，简洁朴素的钟形帽和特里尔比软毡帽应运而生。

帽子很少在小说中担当重要角色，但在麦克·阿伦（Michael Arlen）的小说《绿帽子》（1924）中，特立独行的艾里斯·斯托姆一直驾驶着黄色的希斯巴诺–苏莎汽车，戴着绿色帽子。人们第一次意识到戴帽子"也是勇敢的表现……由于帽檐的遮挡，我看不到她的脸，帽檐和海盗帽一样，都很宽〔30〕"。帽子最后一次出现，是在她车祸自杀现场的路上。这顶帽子在本质上就意味着危险，但在两次世界大战之间，享乐主义盛行，危险的其实是艾里斯本身。

像那些意识到自己处在法律红线边缘的戴帽人一样，宽边软帽也漂洋过海，如今在澳大利亚成为体面的帽子，被叫作阿库布拉（Akubra）。这种帽子选用上好毡料制作，除军人戴以外，也受到各年龄段男性的喜爱，这些人既非王室，也不是革命派，而是平民大众。在墨尔本的弗林德斯街车站对面有一家始于19世纪的老店，它和洛克帽店一样历经沧桑，顽强不倒。店里并排摆着四顶帽子，阿库布拉位列其中，其他三顶分别是美国斯泰森帽、克里斯提圆顶硬呢帽和灰色丝质高顶礼帽。

Chapter III

身份与职业

　　帽子常常被用作表达个性的载体，同时也经常充当群体身份的象征。头饰能够体现出一个人的身份属性——从事特定职业或隶属于某一机构、团体；如艾莉森·卢里（Alison Lurie）所说，穿上制服，"你便不能再自由地使用服装语言"。帽子激发的情感是矛盾的，可能是骄傲和忠诚，当然也会有怨憎，甚至暴乱。如果是职业性头饰，以护理工作为例，帽子是出于实际工作需要而设计的，其中的情感成分会少很多。王室低调地选择了近似制服的风格。对军人和神职人员而言，头饰是他们职业的一部分。本章中我们将会关注一些职业及机构的制服帽，追溯几个世纪以来它们身上发生的巨大变化，最后我们会聊一聊空乘迷人的帽子——它们虽然才诞生不久，但一路走来过程却是颇为起伏和有趣。

校帽

儿童在自我发现的过程中，很少会喜欢束缚自己的着装。1959 年 6 月的最后一天，我和其他二十个人坐在火车上，当火车穿过克莱德河大桥，我们欢呼着将圣布莱德的巴拿马校帽从窗口扔了出去，庆祝生活进入到没有规则、没有帽子的新阶段。威斯敏斯特学校校长约翰·雷（John Rae）觉得校服就是一场噩梦："这个话题是纪律最好的检验标准。"擅自更改规定头饰的外形或佩戴方式是蔑视权威的表现；你很难在领带或西装外套上做特别夸张的修饰，但却可以像 20 世纪 30 年代的修道院女孩一样爬到学校的屋顶上，将布丁盆一样的帽子挂到烟囱上。然而，如果另一所学校的学生这样对待你的帽子，就会引发矛盾，围绕校帽产生一系列的纠葛。

校帽的作用是什么？英国早期的学校最初是为穷人子女设立的慈善机构。例如分别建成于 15 和 16 世纪的伊顿公学和基督公学，学生的服装由校方免费提供，因此，校服体现了穿着者与学校的依附关系，

▲〔31〕19 世纪的基督公学校帽

也是对机构慈善行为的宣扬。基督公学（也被称为"蓝袍学校"）的蓝色长袍和黄色袜子也因此成为慈善学校的符号，他们的"羊毛纱材质的扁平黑便帽，差不多一个碟子大小〔31〕"，虽说很少被戴，但也被保留下来。

弗雷德里克·威利斯在19世纪90年代的回忆录中指出，"当时在室外不戴帽的男性"只有屠夫和"蓝袍学校"的男童，但强烈的情感因素确保了这些便帽的存续。1833年，查尔斯·兰姆（Charles Lamb）回忆起在基督医学院的学生生活，觉得修改校服是一种亵渎。2010年，学生也投票决定保留这种制服。校长在最近的一份介绍材料中说，这所学校传统而又古怪，慈善却又有特权上的区分；便帽总是被塞在口袋中却也被保留了下来，可能就是对这种特质的最好诠释。根据最近在伊顿公学发现的壁画，便帽最初的样式应该是画中男孩戴的都铎帽。伊顿的档案管理员佩妮·哈特菲尔德（Penny Hatfield）认为，人们熟悉的伊顿"高顶礼帽"出现在1840年前后，在此之前，并没有规定头饰的样式。她推测，随着学校的社会声望不断提升，校园中开始采用成人风格。据《帽匠报》报道，伊顿公学有"一条不成文的规定，男生只能戴带檐帽，不能戴便帽……以此将他们和其他学校的男孩区分开"。哈罗的草帽（按照他们的档案管理员所说，并不是平顶硬草帽）同样是19世纪中叶的流行款式。

1870年，英国将初等教育列入义务教育。此前，像伊顿和哈罗这样的学校培养的是不受常规约束的特权精英。直到托马斯·阿诺德（Thomas Arnold）1830年对拉格比公学进行改革，规范了课程和行为准则，学校才开始推出校服，以辅助这些规范的推行。这种情况下，头饰不仅是区分学校的标识，也体现了对特定行为标准的认同和遵守。如果被发现在户外没戴帽子，或者未向女士或上级脱帽行礼，会受到严厉处罚。到了20世纪，学校中戴的高顶礼帽和平顶硬草帽成为财富和特权的标志〔32〕，易于辨识，很

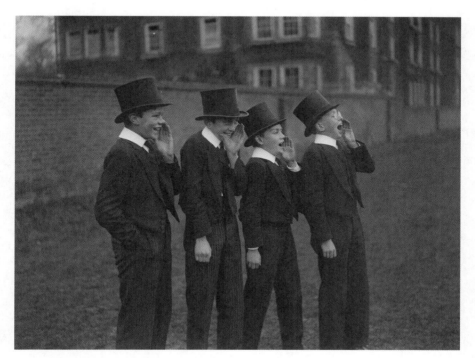

▲〔32〕伊顿公学的高顶礼帽，1928

容易成为嘲弄和攻击的靶子。在男生爱看的漫画杂志《比诺》中，身着条纹长裤、头戴高顶礼帽的傻男孩史努迪就吃尽了苦头。获得伊顿公学本校奖学金的学生也要时刻保护好自己的帽子，防备同学的提弄。校帽还可以作为资历和特权的标识——圣保罗学校的做法就很奇怪，他们会给 6 英尺（1 英尺约合 30.48 厘米）以上的男生颁发平顶硬草帽。

高顶礼帽在校园里比平顶硬草帽更受欢迎，一方面可能是因为礼帽戴起来更加稳固，另一方面则是因为礼帽在成人世界中象征着更显要的地位。如今伊顿公学里已经不再戴高顶礼帽，但安妮·德·库西（Anne de Courcy）

回忆起伊顿和哈罗 1939 年的板球比赛时，仍记得当年那些男孩们都戴着灰色高顶礼帽，装束整洁。哈罗公学在比赛中险胜，随后很快又打响了帽子间的战斗："高顶礼帽惨遭各种摔打，雨伞也破了……这些'老'家伙摘下高顶礼帽，帽子从他们的手中被踢飞出去……很快，破烂的帽子就扔满了这片哈罗取得辉煌胜利的场地，而 48 个小时前它们都还是崭新的校帽。"伊顿会对表现优异者进行表彰，也会将表现平庸者公之于众。每年的 6 月 4 日都是个欢快的日子，伊顿的学生会戴着鲜花装饰的平顶硬草帽，划船顺流而下，一路抛洒鲜花。

哈罗校园中的草帽是时装借鉴运动装的生动案例，它最初出现在板球比赛中。1900 年，男孩们几乎人手一顶的布便帽，也是板球帽。布便帽更加便宜、耐用，与高顶礼帽和平顶硬草帽相比更加平民化，因而生命力也更加旺盛。里奇马尔·康普顿（Richmal Crompton）的童书《正是威廉》（1922）中，威廉在两次世界大战期间帽子不离身——一直把那顶备受践踏的便帽斜戴在头上〔33〕。罗纳德·塞尔（Ronald Searle）于二战后出版的"莫尔斯沃思"系列图书中，莫尔斯沃思也把便帽戴得放荡不羁，书呆子福瑟琳顿·托马斯的便帽则戴得很端正。现在公立或私立学校很少还要求戴头饰。一位校长对此的解释是，几乎没有孩子走路来上学，也就没有必要再作强制要求。

19 世纪末，教会和社会组织开始建立学校，此前英格兰女孩的教育状况十分可悲。1900 年前后，女学生的标准着装就是校服外套搭配布丁盆形状的帽子〔34〕，帽檐宽度也略有差别。这种简洁风格是对当时夸张女帽的抵制，但在校风严谨的圣保罗学校，女孩们讨厌自己的帽子，并试图将它们打造成时尚的造型。她们将帽冠凹进去，把帽子正面或背面的帽檐向上或向下翻折，尝试各种风格以示抗议——这些做法通常都会受到惩罚。男孩的头

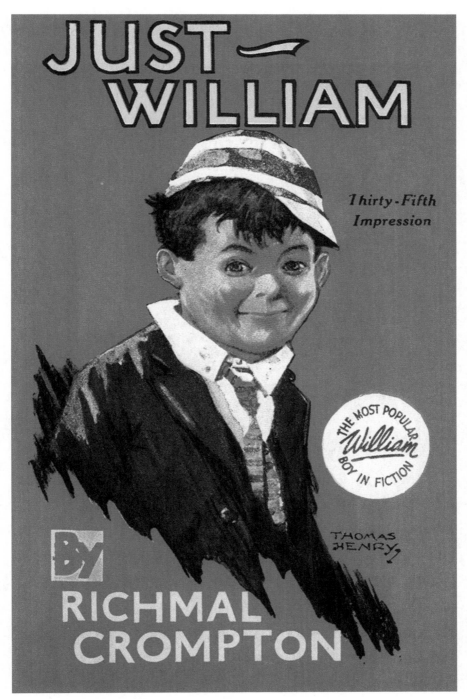

▲〔33〕校帽,《正是威廉》, 里奇马尔·康普顿, 1922 (出版); 1944 年版书封

▲〔34〕女校的帽子，1944

饰一般遵从成人时尚风格，女子学校则普遍保留了圆顶硬呢帽的造型，在20 世纪 40 年代又增加了低调的贝雷帽。

瑞得梅德学校是英国最古老的女子学校，位于英格兰西南部城市布里斯托尔。该校与众不同，1920 年红色圆顶硬呢帽出现之前，该校学生一直戴系带软帽。直到今天，在创始人纪念日当天，学生们仍会戴着系带软帽巡游。1917 年，人们拍摄到圣子耶稣修道院的小姑娘们戴着不同样式的镶褶边系带软帽在花园中活动。这些帽子的出现还要归功于凯特·格林纳威（Kate Greenaway）在 19 世纪 80 年代所作的插图。插图中，来自姐妹学校圣伦纳德学院的两名学生头戴华丽的节日盛装帽，笑容灿烂〔35〕。玛丽·冈德雷（Mary Gundred）院长也曾是圣伦纳德学院的学生，她回忆起"夏天在花园里戴着白色遮阳系带软帽"，外出郊游时，"大家最开心的事情就是购物……

▲〔35〕圣伦纳德学院的帽子，19世纪90年代风格

购买果子露和软草帽"。玛丽·亚历克西乌斯院长（Mother Mary Alexius）
也是从这里毕业的，她用笔记录下了19世纪70年代的学生时代，她记得"校
服帽差不多每两年更换一次……印象中的第一款校服帽是褐色草帽，上面装
饰着棕色的鸵鸟羽毛——这是当年的流行样式……管理服装的夫人想必十
分喜欢（羽毛），并买了很多，几乎每顶帽子上都有一小束棕色鸵鸟羽毛"。
亚历克西乌斯院长又说："在操场活动时，我们戴白色的草编水手帽……帽
子上缀着小铃铛，可以用作手鼓铃；它们完全可以用来为鼓乐队锦上添花。"
可惜这项富于创意的功能并没有存在很久。

圣伦纳德学院属于罗马天主教，可这些帽子却与教会学校的严肃形象格
格不入。它们风格轻快，逐渐替代了标准圆顶硬呢帽，向世人证明了优秀的
灵魂能够与漂亮的帽子共存。毕竟，在成人世界中，通过教育习得的高雅品
位大有用处——不过选择却极为有限。20世纪50年代，英国圣公会圣玛丽
学校的学生将她们的棕色贝雷帽称为"牛屎帽"；她们还有小教堂帽——
顶部是一块上了浆的方形硬麻布，未上浆的部分垂于脑后，并延至背部，
整个帽子通过松紧带固定在耳后〔36〕。林恩·肯斯特堡-麦克思威尔（Lyn
Constable-Maxwell）回忆说："这顶帽子阻止了任何杂念的产生，因为走路
时我们需要集中精力保持头部端正，防止便帽掉下来。它们存在的意义就是
提醒我们永远不要自负。"在罗纳德·弗雷姆（Ronald Frame）小说《佩内
洛普的帽子》（1989）中，佩内洛普对校帽也有着同样的恐惧。故事发生
在20世纪50年代，当她被迫戴上校帽以后，"小姑娘畏畏缩缩，感到无所
适从…… '我可以克制活泼可爱的天性，老老实实待在帽檐的阴影下，以
此换取你们的接纳'"。很少有人会温和地对待校帽——摔打、踩躏、塞进
口袋，最后毕业时欢呼着抛出去。不过校帽也被坚决地守护着，并为人们深
深怀念；如今，它们是"特殊场合"的帽子，象征着传统，充满仪式感。

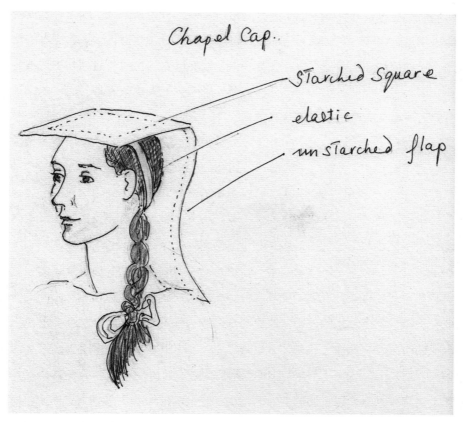

▲〔36〕圣玛丽学校的小教堂帽，1955

护士和婴儿保姆

圣玛丽的忏悔帽令人想到修女的头饰，相似的头饰还有护士戴过的浆帽。两种风格都来自中世纪，帽子使用长方形白色亚麻布制成，并根据不同时期的流行风格和穿戴者的个人喜好进行上浆、折叠、固定。因为各教派纷纷采用这种帽子，它便固化为职业头饰，就如同系带软帽打上了救世军的烙印。早期的护理实践都发生在宗教场所，因此修女的长袍自然就与护理事业产生了联系。然而，宗教改革后，这些照顾病患的人地位下降，她们的帽子与仆人所戴的帽子也变得没什么两样。

《救护车世界与护理》（1895）一书中的作者指出，1860年以前，很少能见到体面的护士，她们充其量不过是"年老不中用的清洁女工"，大多"嗜烈酒如命"。〔作者大概是想到了查尔斯·狄更斯（Charles Dickens）1844年的小说《马丁·瞿述伟》中的护士盖姆夫人。她坐在病人身边，浑身散发着杜松子酒的气味。"她头上硕大的黄色便帽就像是一颗卷心菜。"〕到了19世纪中叶，佛罗伦萨·南丁格尔（Florence Nightingale）凭借优越的家庭出身和顽强性格成功开创了护理事业，培养了一批穿戴白色便帽和围裙的专业女护士。南丁格尔的便帽、围裙和灯笼成为护理专业的象征。在身处克里米亚的士兵看来，南丁格尔工作时穿着的"雪白围裙和便帽格外明亮"。潘顿夫人（Mrs. Panton）1893年在手册中讨论了如何优雅地养病，其中提到护士的制服具有抚慰人心的功效，配上"合适的便帽会更具魅力，即使普通女性穿上护士服以后也会气质非凡"。然而，卷心菜一样的帽子依然挥之不去——潘顿夫人记得一名护士"穿了一身暗棕色衣服，头上戴着顶便帽……其实就是一条灰不溜秋的布带，看上去着实令人反感，我就没再关注它的细节"。

《救护车世界与护理》的作者也描述了事情的变化：护理成了流行行

业——"全国各地的女性都梦想从事护理工作"，穿"那身或多或少合适的护理服"。而汉弗莱·沃德夫人（Mrs. Humphry Ward）的小说《马塞拉》（1894）中，富有的女主人公对待护理工作的态度更加严肃认真。接受医护培训时，她穿戴护士帽和外套，下班后，则换上由一小束黑色蕾丝组成的所谓的褶边系带软帽，黑色的系绳端庄地被系在下巴下。无论听起来有多么可笑，但这种系带软帽在当时的确是女性美德的标志。

在英国和北美，医院经常会设计具有自家特色的便帽和系带软帽。因此，护士的头饰不仅表明了职业，也透露了她们在哪家医院工作。1890年的《女性年度选集》刊登了一篇关于英国护理行业的文章，提到了帕特尼的可爱便帽、诺威奇的波点帽和德文波特"极其迷人"的丝质飘带。便帽最初是用来遮盖头发的，主要分为两种款式：一种是后部带有纱布的全包帽，常见于欧洲大陆；另外一种是戴在头顶的短帽——有时饰有褶边或者缎带——这是北美和英国的典型风格。护士将她们的便帽视作"镶有珠宝的王冠"，但随着发型越来越短，便帽保持头发清洁的作用便失去了意义。1936年，一位直率的护士抱怨便帽"纯粹就是为了装饰"，但另一位护士反驳道，"如果没了便帽会怎样？护士就不会觉得自己是护士，看起来也没有护士的样子"。

20世纪50年代，女孩们在学习生涯结束时扔掉帽子，后来也许又会虔诚地接受一顶护士帽〔37〕。通常，为期6个月的培训结束后，会在教堂中举行"授帽"仪式，这种仪式在北美存在的时间似乎比在英国更久。20世纪60年代，帽子失宠，护士帽也难逃厄运，被一次性的手术帽取代。2012年，英国从业时间最长的护士琼·克克劳夫（Jean Colclough）在接受采访时，对此表示遗憾："（1956年在伦敦圣托马斯医院）做学生时，我有一顶大大的蝴蝶结便帽，我很喜欢它，它能够将头发全部遮起来。"20世纪40年代，

▲〔37〕护士帽，20 世纪 50 年代晚期

芭芭拉·朱利（Barbara Jury）在美国做护士工作，她记得每次晋升时，便帽上都会增加不同颜色的横条。她认为，戴上护士帽会获得尊重，病人们也需要通过它辨别身份，"而如今，单单看穿戴，你根本不知道她是不是你要找的人"。1936 年的护士也许更在乎自己的便帽，因为它们更有意义。

19 世纪晚期的护士帽，如茧化蝶，迅速进入一种高级阶段，摆脱了最初的那种家庭气息。在维多利亚时期的大家庭中，婴儿保姆们极力避免自己被归为家庭佣人，她们穿戴精致的便帽和围裙，模仿医院的护士。然而，在 1892 年艾米莉·沃德（Emily Ward）创立诺兰德幼儿保姆学院之前，并没有公众认可保姆培训和专业制服。沃德夫人利用服饰将诺兰德幼儿保姆学院培训的护士与她口中的"公园保姆"区分开来，后者整日在肯辛顿花园混日子。她定制了斗篷和系带软帽。从一张拍摄于 19 世纪 90 年代的照片中可以看到，诺兰德幼儿保姆学院的保姆头上的黑色帽子精致迷人，与汉弗莱·沃德夫人在《马塞拉》中描述的帽子极为相像——巧合的是，汉弗莱·沃德夫人正是艾米莉的嫂子。

保姆大多数时间都在推着婴儿车，而户外着装正是诺兰德幼儿保姆学院保姆与众不同的关键所在。1932 年，学院用圆顶硬呢帽取代了系带软帽。采用新式帽子是为了强调其毕业生的良好教育背景和顶级的专业素养；与圣保罗学院的女孩不同，诺兰德人很看重这些。她们的制服质量上乘，价格也确实不菲。20 世纪 60 年代推出的巧克力色圆顶硬呢帽使用上好的毛毡制成，丝质帽带上绣有学院名的首字母"N"。这些帽子价格昂贵，承接订单的商家须能够提供产品的合格证明〔38〕。2013 年，潇洒时尚的斯泰森帽接替

▲〔38〕诺兰德婴儿保姆，2008

圆顶硬呢帽成为制服帽，同样品质不俗。讲究得体的外套和毡帽成为行业的标志，上浆的白色褶边帽子已经沦为过去式。

便帽：女佣和挤奶女工

便帽意味着优雅端庄，从 17 世纪开始，无论室内室外，所有女性都戴着便帽。英国女性的便帽被人们津津乐道，但当时风行法国和英国的 "方当伊"（fontange），与其说是便帽，更应该被称为头饰——亚麻便帽上竖直的扇形框表面覆盖着蕾丝褶，还垂着两条长长的垂饰带。这种头饰能够达到惊人的高度。约瑟夫·艾迪生（Joseph Addison）在 1711 年的《旁观者》中表示："没有比女性头饰更加多变的事物……仅角度变化，我所知道的就能超过 30 度。"在室外，人们会用兜帽或篷状女头巾将这些精致的头饰遮住。在 18 世纪后期，便帽逐渐蜕变为更加简洁的亚麻或平纹细布帽，垂饰通常也被固定起来。

在乔治一世（George I）女儿们 1733 年的画像中，公主们戴着压发帽或平纹细布包耳帽，包耳帽像系带软帽一样包裹着她们的脸，垂饰带被系在下巴上。威廉·霍加斯（William Hogarth）1750 年作的群像画〔39〕中，仆人的包耳帽与王室的便帽几乎没什么差别。帽子应该是麻布的——既能起到保护作用，也方便干体力活。约翰·斯泰尔斯（John Styles）研究了 18 世纪的服装，所著《人们的服饰》（2007）清楚地呈现了服装在普通人生活中的重要性。他指出"探索职业和服装之间的关系时，要时刻牢记，劳动者身上的每件衣服几乎都可以作为工装"。褶边帽檐、丝带装饰的头巾女帽最初是已婚妇女的简单头饰，在室内和室外都可以戴。后来它们变得愈加复杂精致，到 1800 年已经成为高级时装。据艾琳·里贝罗（Aileen Ribeiro）所说，到访英国的客人发现很难将女佣同她们的女主人区分开。

▲〔39〕威康·霍加斯，《霍加斯的六位仆人》，1750

　　仆人戴的便帽并不是强制统一的，她们也有选择空间。简·卡莱尔（Jane Carlyle）在 19 世纪 30 年代注意到，如果来访者是位英俊的意大利人，她的仆人安妮会戴"那顶饰有别致丝带结的网帽"。女仆虽然工资不高，但雇主通常都会免费提供服装，主人淘汰的旧衣服也算是一种额外津贴；她们也一直紧跟潮流，在服装上开销颇大。斯泰尔斯提到，便帽是"最显而易见的配饰"，即使在户外，她们也会戴着帽子或兜帽。据他在 18 世纪 80 年代的记录，一位仆人购买一顶便帽花费了 2 先令（约合 2014 年的 15 英镑）；另一位在便帽蕾丝装饰上开支了 5 先令 10 便士（约合 35 英镑）。女仆帕梅

▲〔40〕约瑟夫·海默尔（Joseph Highmore），《帕梅拉和威廉先生》，1744

拉是塞缪尔·理查逊 1741 年小说中的女主角。帕梅拉准备逃离对她虎视眈眈的 B 先生，不愿带走已故老夫人送给她的衣服。她买了"两顶十分漂亮的包耳帽，一顶小草帽"。对她而言，"这顶包耳的普通便帽"与夫人留给她的便帽是不一样的。约瑟夫·海默尔 1744 年的"帕梅拉"系列画作中，她通常戴着头巾帽，有些画中为了突出她的端庄，仍会给她戴上包耳帽〔40〕。

人们用"帕梅拉"命名了一款戴在便帽外的低冠草帽。也有人将这种风格称为"挤奶女工"或"牧羊女"，都不是严谨的叫法。当时各行各业的女

性都会戴这种帽子。本书第 5 章还会对它进行介绍。直到 19 世纪，内戴的
头巾女帽依然存在，为了适应不同的潮流和发型，其尺寸和高度几经变化。
在乔治·斯塔布斯（George Stubbs）的油画作品《打干草的人》（1785）中，
你可以看到人们将它戴在黑色丝质帽下面。斯泰尔斯对此的解释是，这种看
似非常时尚的头饰，实际就是当时劳动女性的装束，但是并不属于某个特
定职业。便帽的帽檐、侧面和后面的挡布都能够起到保护作用，具备了 19
世纪挤奶女工帽的雏形，同样都与农业劳动有关〔41〕。这款帽子也十分漂
亮——在托马斯·哈代（Thomas Hardy）小说《德伯家的苔丝》（1891）中，
亚雷·德伯与苔丝调情时就说到了那顶宽檐系带软帽——"你们这些乡村姑
娘，要是想远离危险，就永远不要戴这种系带软帽"。哈代为它的没落感到

▲〔41〕宽檐系带软帽，汤姆·布朗（Tom Browne），《秋千和果园》，1900

惋惜："如今她们戴的尽是些破败的系带软帽和礼帽。"然而，它最终还是以婴儿遮阳帽的形式保留了下来。

在盖斯凯尔夫人（Mrs. Gaskell）19 世纪 30 年代的作品《克兰福德》中，女士们虽然嘲讽时尚，却依然十分看重便帽——马蒂小姐为了给访客留下好印象，匆忙之间，将自己最漂亮的便帽套在了日常戴的那顶上。到了 1850 年，便帽沦为成熟女性的蕾丝装饰和仆人的工作帽。很快，人们开始把它视为奴役的标志并对它心生厌恶。弗洛拉·汤普森（Flora Thompson）回顾 19 世纪 80 年代在牛津郡的生活，描绘了女仆们 "戴着便帽在厨房吃饭" 的场景。在接受雇主面试时，12 岁的玛莎被告知要带上 "便帽和围裙……要做很多改变"。自视甚高的女佣追求与自己身份地位不符的时尚，成为 19 世纪末很多笑话的题材。1891 年，一名女孩因拒绝戴便帽被解雇，法院判定女孩遭到了不公平对待。《潘趣》杂志以此打趣：

> 我们可以把所有的金钱放入矿井，
> 我们可以将所有的奶酪放入陷阱。
> 但是，很明显，我们已经把脚伸了进去，
> 当我们试图将便帽戴在你的头顶。

女服务员

便帽的风潮又回归了，只不过是体现在女服务员的制服上。在 19 世纪下半叶，精致的城市商店和便捷的公共交通使购物逐渐成为适合女性的休闲活动，茶室也在城镇中不断发展，为人们提供精致的茶点。与咖啡不同，泡茶和饮茶总与女性和家庭联系在一起——茶室通常备有精致的瓷器，女服务生穿着围裙和便帽在旁侍候，算得上是女性社交的舒心之所。

格拉斯哥是 19 世纪欧洲最富有的城市之一，茶室也是在这里诞生的。茶商斯图尔特·克兰斯顿（Stuart Cranston）于 1875 年开设了他的茶室，但是直到 1886 年他的妹妹凯特（Kate）开店时，茶室才开始被广泛接受和喜爱。这些位于城市商业中心的茶室面向男女人群开放。他们以"注重舒适和口味的先进理念"而闻名，但真正颠覆性的创举则是，1896 年，凯特选择聘用查尔斯·雷尼·麦金托什（Charles Rennie Mackintosh）对新店进行设计。伦敦城中出现了里昂茶叶商店，店内担当"客厅女侍"角色的女服务员穿戴着黑色裙装、围裙和便帽。麦金托什操刀的店内装饰现代、醒目而又独具一格，既不是英格兰风格，也不同于苏格兰风情。他还设计了女服务员的服装——将它称作制服似乎有些不妥。从 1900 年的一张照片中可以看到，两个优雅的女孩身着轻便的裙子，戴着珍珠项链和女式领结——但没戴便帽。其实，麦金托什要求过服务员统一发型，但我想，真正实施的难度恐怕要比统一便帽更大。麦金托什女权主义的妻子和凯特·克兰斯顿（Kate Cranston）都拒绝被奴役，拒绝一切惬意的英式苏格兰风格，她们对便帽的态度就是铁证。

戴便帽的人群中自然少不了美国"哈维女孩"，这是一群由英国人弗雷德·哈维（Fred Harvey）在 1886 年招募的年轻女性，她们在圣达菲铁路沿线的茶点室做服务员。这些女孩具有较高的职业素养，收入丰厚，集中住宿并接受统一监督。她们穿着宽大的白色围裙，头上的头饰令人诧异——整个便帽就是一个巨大的蝴蝶结。蝴蝶结的时尚感搭配这套规规矩矩的服装有失和谐。而且和卢顿以及伦敦西区的女帽店一样，性暧昧的问题经常会影响职业女性的形象。要知道，歌舞团女演员的暧昧暗示就隐藏在活泼的蝴蝶结之中。

1887 年，一家英国烟草公司指定约翰·里昂（John Lyons）经营旗下

▲〔42〕里昂茶室中的服务员，1920

的食品和餐饮帝国。作为一名艺术家，里昂知道产品的呈现方式至关重要。1894 年，他的第一家茶店在伦敦开张，店里装修精美，着装整洁的女服务员为客人提供精致茶点。相比之下，早期的咖啡馆就乏味很多。弗雷德里克·威利斯还记得 19 世纪 90 年代的一家舒适茶室，女服务员身着白色便帽和围裙来回穿梭忙碌。与"哈维女孩"所传达出的复杂内涵相比，里昂的女服务员看起来更有一种安稳的居家感。20 世纪 20 年代，这些手脚麻利的姑娘被人们戏称为"小旋风"，她们头上戴着绣着红色字母"L"的便帽，成为人们熟知的经典标志〔42〕。里昂竭力维持员工的阳光形象；要求制服必须一尘不染，甚至直到第二次世界大战前，都没有雇佣过已婚女性。然而，1932 年，斯蒂夫基地区的牧师哈罗德·戴维森（Harold Davidson）在法庭上被指控于伦敦市中心对女孩实施骚扰。人们发现他中意的似乎正是那些"小旋风"们。没有人责备这些女孩，而且这样的丑闻无疑引起了人们对茶室更大的兴趣，反而刺激了茶室营业额的增长。

厨师、面包师和屠夫

女服务员头饰的夸张程度永远也比不上厨师高耸的白色无檐厨师帽。这种帽子自 19 世纪 20 年代诞生后一直沿用至今。厨师和烘焙师戴过绒线帽，这种帽子紧贴额头，头发被包在里面。在法国，面包师和糕点师的便帽已经演变成扁平的贝雷帽，立起的加厚帽顶便于运送托盘。图尔附近的中世纪法国小镇洛什每年都会举行行会游行，时至今日，面包师仍会戴着奶油色的软毡便帽参加。这种便帽形似面包，上面饰有一束象征炉火的鲜艳公鸡羽毛。便帽最初是由日常头饰改造而来，主要起保护作用，具有较强的实用性；相比之下，无檐的厨师帽则更强调对身份地位的象征意义。

在后拿破仑时期的欧洲文化中，法国的所有事物都受到人们追捧。在社交活动中，法国厨师更是必不可少。1820 年，法国著名糕点师、厨师安东尼·卡瑞蒙（Antoine Carême）受雇担任斯图尔特勋爵（Lord Stewart）的厨师。他在自己的厨师帽内嵌入纸板，以表明自己严肃认真的工作态度。他觉得旧式厨师帽松松垮垮，总让人觉得无精打采。安东尼的做法得到欧洲各地厨师们的效仿，新式无檐厨师帽高耸的姿态颇有些高顶礼帽的神韵，成为彼时一种新的权威标志。它的形态几经变化：柔软的"花椰菜"造型（至今仍在使用），扁平的贝雷帽形状，还有高顶无檐厨师帽，据说这种帽子上的褶皱数对应着煮蛋方法的数量。

众所周知，厨师之间的竞争异常激烈，卡瑞蒙的无檐厨师帽已经高无可高了。19 世纪 40 年代，改革俱乐部的厨师亚历克西斯·索耶（Alexis Soyer）别出心裁，发明了黑色的流苏天鹅绒贝雷帽。这顶帽子最大的特点就在于实用性差，索耶戴上它以后根本无法下厨。副厨们耷拉的绒线帽会提醒他们，自己的地位低人一等。1852 年，威廉·萨克雷描写了一位时尚的法国厨师，他"长长的卷发上斜戴"着一顶白帽子。这位厨师在麦洛勃兰特（Mirobolant）主厨手下工作，他当时戴的应该是柔软的"花椰菜"帽——硬质无檐厨师帽应该很难侧戴。

威廉·奥彭（William Orpen）的画作《查塔姆酒店的主厨》（1929）〔43〕中，主厨周身散发着威严。他戴着无檐厨师帽，俨然爱德华七世戴着他的高

▲〔43〕威廉·奥彭,《查塔姆酒店的主厨》, 1929

顶礼帽——无檐厨师帽就是他的王冠。相比起硬挺高耸的款式，这种褶冠软顶的帽子戴起来更加方便。但一些专业供应商仍然会提供棉布或涂层纸制作的硬挺高耸的厨师帽，在一些法国餐馆依然能看到它们的身影。没人觉得无檐厨师帽有什么用处，但是 20 世纪初的一本厨师手册中提出，工作装"在很大程度上决定了一份工作的地位"，"因此穿着时应该充满自豪并且悉心爱护"。

弗雷德里克·威利斯在他的回忆录中写道，在伦敦，男性中只有屠夫和"蓝袍男孩"【编者注：慈善学校学生，因多穿蓝色校服，故名】在户外不戴帽。这其实很奇怪，因为屠夫好像戴过很多种帽子——17 世纪时规定屠夫要佩戴羊毛帽；到 18 世纪，屠夫又戴上了绒线帽。19 世纪早期，酿酒师和屠夫的着装比较相似。19 世纪有一款名为"快乐家族"的纸牌游戏〔44〕，其中，酿酒师邦先生的形象就是戴着红色的绒线帽。但到了 1851 年，《潘趣》杂志刊登的卡通画中，屠夫的形象已经是身穿燕尾服、头戴闪亮的高顶礼帽，这表明屠夫的着装也在不断发展。画中，他正冲着"孩子"说话，男孩身着条纹围裙，头上的便帽和校帽有些相似。在特罗洛普 1869 年的小说《他知道他是对的》中，斯坦伯里小姐讨厌侄子的平等主义观念，把他的帽子说成是"松松垮垮，屠户才会戴的东西"——这是早期将便帽作为情感符号的一个例子。屠夫顺应潮流，在 1860 年前后用圆顶硬呢帽替换了高顶礼帽，尽管部分人显然已经不再戴帽子——"快乐家族"中的屠夫伯恩斯先生就梳着时髦的发型，没戴帽子。到了世纪之交，屠夫又开始戴平顶硬草帽。直到如今，条纹围裙和平顶硬草帽仍然是屠夫的标志性着装，只是帽子通常都变成了塑料的。从头饰的演变过程来看，屠夫绝对算得上是街市中的贵族。

▲〔44〕19 世纪的卡牌：屠夫伯恩斯先生、木匠奇普先生和酿酒师邦先生

木匠、煤矿工和渔业搬运工

有些职业帽的设计纯粹是出于实用考虑，制作它们的初衷，就是解决工作中遇到的实际问题。木匠需要轻便的一次性遮盖物来遮挡灰尘，因而发明了方形小纸帽，样子就如同"快乐家族"中木匠奇普先生头上的圆盆帽。到了 19 世纪，随着纸价降低，这种简单的帽子开始在众多体力劳动者中流传——水泥匠、水管工、砌墙工以及印刷工，这些人的工作中都不可避免地要接触灰尘和污垢。小说《亚当·比德》（1859）中，乔治·艾略特几乎将主人公亚当的纸帽视作王冠。亚当高大魁梧，"乌黑的头发……在浅色纸帽的衬托下更加引人注目"。艾略特对纸帽大加赞颂，但于狄更斯而言，纸帽则象征着污垢和对体力劳动的羞辱。在 1850 年的《大卫·科波菲尔》中，米克"穿着破烂的围裙，戴着纸帽"，在令人生厌的鞋油工厂里给大卫分配工作。伦敦博物馆收藏了一顶扇尾帽，这种防护帽能够抵挡比鞋油工厂废料更加污秽的脏东西。帽子的主体是大致呈长方形的漆皮厚板，重数千克。它

在普通圆形毡帽的基础上制成——帽檐在正面翻起，在后面延展开，形成类似排水槽的形状。直到 20 世纪，伦敦的比林斯盖特海鲜市场上还有人戴这种帽子，人们可以清楚地看到污水在帽子上汇集后排出。一直以来，渔民都戴着由柔软防水材料做成的同款防水帽。

古斯塔夫·多雷（Gustav Doré）的作品记录了 19 世纪 70 年代的伦敦印象。在他的画中，渔业搬运工、码头工人和仓库工人都戴着扇尾帽。虽然没有明确规定，但因现实需要发明的扇尾帽通常只在特定工作中使用。在《非商业旅人》（1860—1861）中，狄更斯造访了一位煤炭搬运工的住处。男子卧病在床，狄更斯注意到他那"褴褛的领航员夹克和粗糙的油皮扇尾帽"。这些工作中，工人们头顶肩扛的都是些潮湿、肮脏、有异味的东西。然而，煤是一种有价值的商品，在狄更斯的《伦敦札记》（1849）中煤炭搬运工的形象也更加积极："我们知道业主在耐心等待……他的租金，眼看着几顶扇尾帽背着东西来到门前。"扇尾帽在这里指代的是人，就像是皇冠指代君主或者圆顶硬呢帽指代银行家那样。随着集中供暖和"滚轮"式垃圾箱的出现，这个词连同这种帽子都从我们的生活中消失了。

安全帽

为了应对可能发生的坠物袭击，工人们现在都戴上了安全帽——实际就是头盔。安全帽与第 7 章将要讨论的运动头盔属于相同类型，但是更重，也更坚固。早期的造船工人在帽子上淋上沥青以增加其硬度；一战前人们开始使用皮帽，后来皮帽又逐渐被钢铁材质的帽子取代。20 世纪 30 年代，美国建筑行业要求工人必须戴头盔，为此，人们生产出带面罩的头盔以保护眼睛和脸部。到 1940 年，铝和酚醛树脂取代了钢材。二战结束后，热塑性塑料因价格更低、质地更轻且更易于加工，成为制作安全帽的新宠——尽管头盔从来都不是为了漂亮，但新材料在确保安全的同时，也让它呈现出了更加鲜艳、欢快的颜色。在工地上和工厂里，所有人都必须戴安全帽，它看起来消除了人们身份的差异，但颜色的出现带来了等级——戴白色头盔的通常都是领导。我们经常可以在照片中看到，政治家、王室成员及各路名流尴尬地顶着安全帽，还不忘强颜欢笑，希望借这顶帽子在民众中塑造亲民形象。

警察、消防员和邮差

公共机构的帽子能够体现其权威是至关重要的，但警察和消防员的帽子还须具备防护功能。在 18 世纪的英国，巡警夜间会在城镇中巡逻。1763年，约翰·佐法尼（Johan Zoffany）描绘了一位年迈的巡警，他戴着一顶不起眼的绒线帽。1805 年，伦敦骑警诞生；1829 年，罗伯特·皮尔（Robert Peel）建立徒步巡警。皮尔竭力淡化这支队伍的军事色彩，防止人们将其误认为是军事力量，进而避免可能引起的争端。相比起扁平的帽子，高帽子更容易给人留下深刻印象，保护性能也更好，因此，第一款制式帽便是常规高顶礼帽，特殊加固的帽顶甚至能够承受一个人的重量，必要时还可以用作武器，堪称帽子界的瑞士军刀〔45〕。弗洛拉·汤普森记录了一首短诗，诗中提到了头盔诞生前的时期："警察过来咯，头顶闪亮黑帽，肚中满是肥膘。"

1856 年的《警察法案》规定，要在英国各地建立统一的警察部队。但是追捕罪犯时，高顶礼帽容易损坏且容易误事，因此 1863 年开始推行毛毡料包裹的软木警盔。新头盔结合了普鲁士军盔和新式圆顶硬呢帽的特点，正面佩有徽章，上面印有警察的个人编号和区域编号。其他地区的警察部队也使用这种头盔，部分地区还增加了帽带和帽刺。但到了 1900 年，法国警察戴的大檐帽凭借较好的实用性成为欧洲国家的标准警帽。意大利警察则更注重帽子的视觉效果，他们选择了"拿破仑"式的双角帽，但夏季时

▲〔45〕警察的高顶礼帽，1840

仍会戴白色警用头盔。在美国，头盔的使用一直将持续到 20 世纪 20 年代，启斯东【编者注：早年的美国电影人麦克·塞纳特（Mack Sennett，1880—1960）】创办的电影公司，导演和监制了大量喜剧电影短片，发现培养了卓别林等优秀演员。该公司电影的喜剧风格就是所谓"启斯东"喜剧风格）的电影刚好抓住了使用这种警盔时期的尾巴。然而，在民众发生骚乱时，软木材质的保护性很差。20 世纪 70 年代，伦敦警察开始使用带衬垫的硬塑料头盔，外观上沿用传统的风格。2002 年，政府曾试图对头盔进行改造，但传统样式最终被保留下来，成为伦敦街头的独特景观——这样的结果有些出人意料。然而，在驾车巡逻时，所有警阶的警察都要佩戴大檐帽，因为在车里，头盔和高顶礼帽都不方便。后来为了满足女警的头饰需求，又出现了加固的圆顶硬呢帽。

消防员头盔出现的时间远远早于警盔。1666 年，伦敦大火灾后成立了消防队，消防头盔那时就出现了。消防最初是由各地自行组织，18 世纪时转为由保险公司管控。很快，保险公司发现统一的制服能够宣传和培育团队精神。18 世纪的保险广告中，消防员都戴着有颈帘的头盔。19 世纪 20 年代，爱丁堡消防队的负责人这样描述："头盔使用硬化的皮革制作，中空的皮革帽冠能够有效隔挡坠物……头盔后方的帘子可以防止燃烧物……进入消防员的领口。"但到了 1830 年，消防员像警察一样开始戴高顶礼帽。消防力量重新回归地方管理。1666 年伦敦消防队成立时，消防员的铜制头盔借鉴了巴黎的消防队头盔。在当时各地制服各不相同的情况下，这款印有交叉水管和火炬图案的闪亮头盔〔46〕很快流行起来。在接下来的 3 个世纪里，消防员头盔几乎没有发生任何变化。随着电的出现，金属已经不适合作为制作头盔的材料。如今的消防员头盔材质更加轻盈坚韧，但从现代达斯维达消防帽上，仍能够依稀看到最初罗马头盔的影子。

▲〔46〕消防员，1910

邮差的帽子是官方身份的标志，也具有保护作用——当然是防范恶劣天气，而不是防范罪犯或者掉落的砖石。在 18 世纪，邮差的交通工具是邮车，因而其制服是基于马车夫的服装设计的。帽子最初是三角帽，到 1830 年更换为海狸毡帽。王家邮差是王室的服务人员，因此，他们的制服要能够给人留下深刻印象。1790 年，他们的着装是猩红色外套搭配金色镶边三角帽。而到了 1830 年，邮差开始像马车夫一样戴高顶礼帽。1861 年，引进了新的邮差制服——原来的猩红色外套变成了蓝色，穿着时需要搭配红色领带外套，上衣和裤子都有红色镶边装饰〔47〕——英国人现在仍然希望邮箱和邮车能够是红色。20 世纪中叶出现了较为柔软的大檐帽，看过《邮递员派特叔叔》的小观众对此应该非常熟悉。

▲〔47〕邮差，20 世纪 30 年代

空乘

19 世纪诞生了便士邮政业务和铁路，新的服务和交通方式需要与其效率和现代性相匹配的头饰。铁路旅行成为新型休闲产业的一部分，铁路人员的形象必须在令旅客印象深刻的同时，突出服务属性。为此，他们先后采用了端庄得体的高顶礼帽和实用性更强的大檐帽。相比之下，20 世纪的航空业却面临着前所未有的形象难题。飞机究竟是什么？火车车厢最初模仿驿站的马车；车站的设计借鉴了希腊神庙或中世纪城堡；制服则整合了平民和军事风格。而 20 世纪 30 年代，民用航空刚起步，根本没有先例可以借鉴。想让旅客安心地搭乘"圆形金属筒"离开地面，必须打消他们的疑虑，使用一些他们熟悉的词汇——"舱室"、"机长"和"乘务人员"等海军术语的引入为航空业提供了既定框架。铜扣夹克和大檐帽始终是公认的经典男性制服〔48〕。然而，与海运和海军不同，在照顾航空旅客方面发挥关键作用的是女性。首名女性空乘是一位注册护士，1935 年，这些护士的着装近似军装——长裤套装搭配带帽檐的圆形平顶小军帽。帽子残余的帽檐被折进凹陷的帽冠里。这种帽子可以轻松被卷起来塞到口袋里，保持优雅的同时也不失亲和力。

然而，让人们意识到航程中可能会需要医疗和军事援助的想法适得其反。到 1950 年，提到航空公司，人们首先想到的还是身着战后流行的军事风服装、头戴漂亮平顶小军帽的年轻姑娘。铁路沿线有秀美的风光，海上游轮象征着奢华享受，而航空旅行的亮点则在于女性的魅力。从军事风到 20 世纪 70 年代的性感糖果色"热裤"和"迷你短裙"，再到回归朴素，服装的演变反映出女性空乘人员的地位并不明确，时常会发生变动。

那她们的帽子又经历了什么？将头饰用作官方标志的同时保持时尚，并不是件容易的事。既要能够代表护士和服务员的双重身份，又要能够体现国

▲〔48〕丹麦航空的男乘务员，1938

籍和公司，对帽子的要求似乎太高了。"两顶帽子"就意味着两种工作或者两个身份，这样说来，没有哪种职业的帽子能比空乘人员的更"忙"了。在《空乘的鞋》这本书中，普鲁登斯·布莱克讲述了澳大利亚航空公司制服的故事。接下来这部分内容有很多都借鉴了她的著述。按照她的讲述，为适应人们态度和社会环境的变化，帽子的变化从未停止过。

20世纪50年代的照片中，女空乘身着正式套装、头戴平顶小军帽，简洁干练〔49〕。澳大利亚航空（以下简称"澳航"）空乘核对清单上的第一条就是帽子，按照规定："帽子应该时刻佩戴……在机舱内，飞机降落前应更换帽子。"喷气式飞机的出现改变了民用航空业的格局，航空公司间的竞争更加激烈，排他性逐渐降低，人们的态度也随之发生改变。法国快帆和英国彗星等喷气式客机陆续投入运营，新式飞机上，装饰时尚、餐饮精致，机舱过道俨然变成了时尚秀场。女性空乘则是国家和公司的形象名片。1964年，澳航裙子加夹克的搭配打破了传统。当时的一位空姐觉得帽子"非常可爱"，帽檐是心形，还装饰着蝴蝶结。然而，帽子一定要和发型搭配。如果说航空出行经历了革命性的变化，那么发型也是几经波折才有了现在顺滑蓬松的样子。帽子总是会破坏发型，空姐们逐渐弃戴帽子，转而用它们来存放香烟。随着航空公司的制服向时尚靠拢，不可避免地要对服装进行频繁更新。20世纪60年代后期和70年代出现了一些令人惊讶的设计。澳航1969年推出的迷你裙突显了女性的性感，但橙色菌菇帽则性感不足，搞怪

▲〔49〕英国海外航空的两位女空乘，约 1950

▲〔50〕女空乘的菌菇帽,《2001 太空漫游》, 1968

有余——其设计灵感来自斯坦利·库布里克(Stanley Kubrick)电影《2001 太空漫游》(1968)〔50〕中富有未来主义色彩的头盔。

　　20 世纪七八十年代，商业航空公司激增，市场竞争进一步加剧，航空公司的国家属性逐渐淡化。在反主流的 70 年代，象征尊重和规范的帽子输给了发型，女权主义者抛弃了这些"端庄"的装饰性符号，航空公司的帽子也开始向小巧的特里尔比软毡帽和夸张滑稽风格的便帽靠拢。澳航的空姐就很讨厌她们的条纹迷你特里尔比软毡帽，私下里把它叫作"红背蜘蛛"。帽子曾一度被弃用，但是随着航空公司越来越重视塑造自身的高效形象，时尚因素被边缘化。此外，海湾国家开始进入高端航空市场后，空乘们优雅的伊斯兰传统服装也引发了对帽子存废问题的再思考。面对廉价航空的冲击，良好公司形象的重要性已经超越了国别。更重要的是，男性的铜扣深色西装形象几乎一成不变，飞行员作为飞机上的终极权威也从未舍弃过帽子。21世纪初，恐怖主义威胁使安全成为第一要务，安保工作变得烦琐，机组人员常常成为焦虑和愤怒中的焦点。航空公司重新采用更加正式的制服，空乘的帽子也变得整洁朴素〔51〕。我个人认为，这种回归军事风的做法是经过深思熟虑的。因为紧急情况下，军人形象会让指令得到更好的执行。

　　普鲁登斯说，当年这些年轻女性获得的关注"是其他很多行业难以企及的……精致时尚的制服和平顶小军帽，让你无法忽视"，她们享受一定的自由，世界各地任她们遨游。空乘的生活成为许多女孩的梦想。1980年前后，这种情况开始发生变化——机舱座位狭小，匆忙供应的食物味道糟糕，航空

▶〔51〕空乘的帽子，2013

出行的吸引力丧失殆尽。而廉价航空并不依赖女性魅力,他们收取低廉的费用将你从甲地运到乙地——跟帽子没有任何关系。

结语

作为隶属关系和职业的标志,空乘的帽子似乎集中体现了这一主题的各个方面。和校服帽一样,它们的产生是强制推行的结果,尽管空姐们也想到了彰显个性的办法。如今,这些让人又爱又恨的空乘帽和护士帽一样,有些已经成了收藏品。公司的徽标,就像三角帽的帽章,能够使任何荒唐的帽子变得权威、正式。飞行员的帽子一直保持着严肃的形象,而空乘的帽子则相对复杂——从注重亲和力到追求时尚,再到大众旅游兴起后的趣味性导向,然后再次回归亲和。帽子的变化不仅体现了时尚走向,也反映了文化和社会态度的改变。然而无论如何频繁变化,人们总能轻易地认出空姐。普鲁登斯·布莱克说,假设有七位年轻女性,她们身着黄色迷你连衣裙、过膝靴,头戴小巧的平顶小军帽,人们会说,"她们肯定是空姐",尽管实际上这只是条除臭剂广告。如果摘掉便帽,她们就只是普通的 20 世纪 70 年代的女孩。空乘的帽子从不反时尚,但戴上它你也就告别了时尚。

时装帽子和职业头饰之间的矛盾似乎难以调和。时尚是暂时的,而隶属关系和职业从本质上来讲相对固定,学生们都很讨厌这种一成不变的状态。比如说,如果想体现庄重感,无论是女学生、婴儿保姆或者空姐都要戴圆顶硬呢帽——这根本与时尚无关。无檐厨师帽的尺寸和材质可能会变化,但是它独特的造型及与食品行业的关系是稳定的。在这一点上,厨师的无檐帽与扇尾帽、木匠帽一样,有着固定的对应行业。然而三者又有所不同,扇尾帽和木匠帽有具体的用途,一旦这些需求发生变化,这些头饰也就失去了存在的基础。女仆帽能够体现个人品位,但却因档次不高而为人诟病。这种帽子后来被短暂地用作女服务员的头饰，如今只能在"兔女郎"的长耳朵上觅得一丝痕迹。

　　职业帽的作用在哪里？如今，建筑工人的制式黄色头盔只具备实用价值，传达不了其他含义；政客们戴上它，也看得出不是真正的工人。但如果要总结过往所有职业帽的特点，那就是它们通常都不实用。空乘的帽子可以帮助她们在起风的跑道上保持发型，但这种想法就和护士帽能够防止感染一样荒唐。菲利斯·坎宁顿（Phillis Cunnington）说："着装的主要动机之一是维护身份和声望，时尚便与这一点密切相关……而形象的庄重和行动的便捷往往又是矛盾的。"随着一个人社会地位的提高，他帽子的实用性会明显降低，同时也会变得更加时尚——对屠夫而言，绒线帽显然比平顶硬草帽更实用。如果一顶帽子做到了足够体面，那么它就很可能会影响戴帽人的活动。例如，王家马车夫的双角帽或酒店门卫的高顶礼帽。但是，出于对团体或者职业的尊重和忠诚，这些最不实用、最不舒适的头饰保留了下来。坎宁顿认为，对历史学家来说这是个好消息，因为工人和女性"留下的一些风俗习惯……使我们在研究历史时有了依托"。甚至诗人也有他们自己的帽子。在弗洛拉·汤普森的《牛津郡志》中，劳拉就觉得"披着深色斗篷、戴着黑色软帽的大胖子"看上去很奇怪。"别人告诉她，他是个诗人，所以才会穿成那样。"

Chapter IV

礼仪和社会阶层

　　人们并不介意艺术家、诗人和其他各类不拘一格的人在着装上独具一格，甚至还对此有所期待。罗杰·福莱（Roger Fry）为自己的肖像画挑选了一顶破旧的大帽子，这应该是有意为之〔52〕。弗雷德里克·威利斯的朋友博尔德先生（Mr. Bolder）说："那些作画的人觉得他们这样疯疯癫癫很正常，难道不很有趣吗？到了夏天，帽子就像马具一样。"在维多利亚时代，男子气概就在于笔挺坚硬的高顶礼帽或圆顶硬呢帽，因此软毡帽在那时是非主流的，不过倒也不会带来什么威胁。然而，在约翰·高尔斯华绥（John Galsworthy）的《福尔赛世家》中，中产阶级上层的福尔赛家族对琼·福尔赛的未婚夫建筑师菲力普·波辛尼深感担忧。在拜会福尔赛家的各位姑母时，他"戴了一顶硬顶灰色软帽，甚至还是顶旧的——根本谈不上造型的灰不溜秋的物件。海丝特姑妈把它错认作一只古怪寒碜的猫，惊呼'天呐，真是太奇怪了！'并试图把它从椅子上赶下去"。

在本章我们将会发现，礼仪手册概述了佩戴帽子的规则，而小说和自传则记录了生活中的鲜活礼仪和那些打破常规的探索。高尔斯华绥解释说，福尔赛一家"一直在寻求那些能够以小见大的重要物件，所有人对帽子都有一种出于直觉的关注……都在问'帮我看看，我去拜访时是不是应该戴那顶帽子'，每个人都回答'不'"。如福尔赛一家曾理解的那样，帽子的佩戴已经开始脱离那些普适的规范。克莱夫·阿斯莱特（Clive Aslet）认为，礼仪、道德和行为准则现在已"个人化"，现代人"达到一种前所未有的独立"。在此过程中会出现矛盾，因为当每个人都希望表现出个性时，大家会倾向于使用大致相同的东西来展示个性。但是用棒球帽来标新立异是行不通的。传统礼仪在某些场合中被延续了下来——在婚礼、赛马大会及王室出席的活动中，依然需要仔细挑选一顶得体的帽子——但是在其他场合，戴什么帽子甚至是否戴帽都无关紧要。帽子在服饰中占据了引人注目且独立的位置，催生了一套与佩戴帽子相关的独特行为规范——戴帽是优越感的彰显，脱帽则是表达尊重的方式。在一张 1943 年温斯顿·丘吉尔（Winston Churchill）与俄罗斯大使迈斯基（Maisky）握手的照片中，后者脱帽，丘吉尔则没有。至今法国人在庆祝胜利时，仍然会在高呼"帽子"的同时模仿脱帽的姿势。

19 世纪，欧洲的中产阶级不断壮大，福尔赛一家是其中的成员。对他们而言，着装是社会阶层变迁最明显的标志；改变和进步是他们的信条，也是其焦虑的根源所在。伴随着中产阶层的壮大，深受其欢迎的现实主义小说也发展起来——小说对人们的行为和外表进行了仔细审视。帽子因为能够体现对习俗和时尚的遵守与否，成为影响小说情节发展的重要因素，较常见的是对规则的颠覆——因为这样似乎更有趣，得体的帽子是通过那些不合时宜的帽子定义的。帽子关乎身份地位和声望，所以相关的礼仪在男性中间尤其受到重视。女性的头饰频繁变化，使得一些规则很难适用，而且在早期的

▲〔52〕罗杰·福莱,《自画像》,1930

大部分时间里，女性的头饰也只有便帽和兜帽之分。而1910年发行的一本手册表明，如果一位男士戴错了帽子，那么他"很可能会做错事，整个人都会变成一个错误"。

在福尔赛的大家庭里，波辛尼第一步就走错了，表现糟糕，结果悲惨。接受过教育的他应该是了解着装规范的。从19世纪30年代开始发布的建议手册为人们提供了关于帽子的行为指导。然而，小说中帽子扮演的角色并不如在社会中那般光鲜。《福尔赛世家》在1930年完结，小说追溯了一个英国家族的40年，他们完成了19世纪的典型转变，由自耕农变身城市商人和职业阶层。福尔赛一家有着鲜明的阶层意识，他们对社会的变化或顺从，或抵抗，却始终紧紧抓住帽子，将其视为变化的信号。

高顶礼帽

男士礼仪主要在于脱帽，女士礼仪则恰恰相反。女性主要关注风格和品位，男士则关注帽子的类型及其保养状态，以及穿戴的地点、时间和方式。波辛尼的帽子随意且破旧，戴着它在"伦敦社交季"拜访福尔赛家的姑母们明显是个错误，正确的选择应该是一项丝绸高顶礼帽。记者乔治·萨拉认为在19世纪70年代的伦敦，软帽"在海边是很好的……但是'在社交活动中'、在城市的街道上，或是在拜会那些我们所尊敬的人时，我们最好可以选一项用上好天鹅绒装饰的'烟囱'（高顶礼帽）"。波辛尼的失态可能是因为贫穷、古怪或是不在乎，在琼看来，他就是无所谓。这种想法令人恼火——"一个男人竟然不知道自己戴着什么？不，不！……他是一名建筑师……（而她们）认识的两位建筑师就绝不会在'社交季'的礼节拜会中戴这种帽子。危险——啊，真是危险！"

19世纪的两种主流男士帽子是高顶礼帽和圆顶硬呢帽（见第5章）。草帽是夏天的装束。19世纪末又增添了两种新款式——洪堡帽和软毡帽。布便帽最初是地位低下的标志，而后发展成为运动装，到了20世纪初，则成为激进主义的表达手段。然而，在19世纪的大部分时间里，高顶礼帽都是社交场合中的必需品。建议手册中有一份必备清单，其中包括"早晚礼服的（高顶）礼帽——毡料、丝绒和海狸皮毛，材质各异"，清单的灵感无疑来自作者所从事的男士服装行业。然而，如弗雷德里克·威利斯所说："当富家子弟在时尚方面开窍后，他会购买一整套服装，至于何时、何地，以及如何穿戴的知识，则是他所受教育的一部分……每个场合和季节都有一顶相应的帽子。如果有人不戴帽在街头闲逛，那无异于宣布自己疯了。"

威利斯说，虽然高顶礼帽看起来都很相似，"但我们公司就有30种不同款式……一个城镇年轻人宁愿在万安街警察局熬一夜，也不愿被人看到戴着过季的高顶礼帽走在皮卡迪利广场上"。这些年轻人像佩勒姆·伍德豪斯（P. G. Wodehouse）小说中的角色一样，深信"想得到女孩们的关注，没有什么比得上一顶合适的高顶礼帽散发的魅力"。乔治·萨拉并不欣赏"宽檐低冠的软毡帽、猪肉馅饼帽和美国人口中的'软帽'。一顶真正的帽子——能够彰显权威的帽子——应该笔挺坚硬，帽身为圆柱形，呈乌黑或乳白色，光彩照人"。在1790年引入高顶礼帽后，双角帽退出了时尚舞台。随着丝绸取代海狸皮作为主要的制帽材料，帽子变得更轻盈；但织物光洁的表面很快就会出现瑕疵，引来更多的焦虑和评论。19世纪中叶，当丝质帽子被阿尔伯特亲王采用时〔53〕，这类帽子的地位得到了保证。1900年，英国男士期刊《时尚》提出了相应的穿戴规范。出席婚礼、午后拜会和招待会上应戴高顶丝绸帽子；商务和晨间着装，应以圆顶硬呢帽搭配休闲套装，或以丝绸帽子搭配晨礼服；下午茶和做礼拜时需佩戴高顶丝绸帽子；参加舞会、正式晚宴或观看戏剧时，则佩戴丝绸帽子或"吉布斯"折叠礼帽。折叠礼帽是

▲〔53〕戴高顶礼帽的阿尔伯特亲王，1861

MAYALL FECIT
MARCH 1ST 1861.

一种高顶礼帽，由法国的 M. 吉布斯（M. Gibus）先生发明，用手轻压可以将帽子折叠成扁平的椭圆形，方便放置在剧院的座位下面。

波辛尼的疏忽是考虑不周，但并未带来严重后果。然而，在乔治·吉辛的小说《生命的清晨》（1888）中，詹姆斯·胡德从火车窗口弄丢了帽子，结果却是致命的。他是新兴的职员、推销员群体中的一员，得始终穿着职业装，因而难免在服装上花些钱。胡德此行是代表老板达格沃西去参加商务会谈，他深知"决不能光着脑袋出现在'勒格兄弟'的办公室里"。他用老板的钱买了顶便宜的帽子，相信一切都可以解释清楚。但达格沃西还是无情地解雇了他，最终使得胡德自杀。多萝西·惠普尔（Dorothy Whipple）小说《高薪》中的故事发生在 1913 年，故事的女主角女店员简同样是弄丢了帽子，她的帽子被吹到了街上。但这次并没有什么可怕的事情发生，反而是一位年轻人寻回了它，两人之间还因此萌生了爱情。对于男人而言，丢掉帽子事态严重，而对于女孩，则可能会开始一段甜蜜的关系。

保养状况

詹姆斯·福尔赛住在伦敦环境优美的公园巷中，回想起祖上在多赛特郡耕作的泥泞土地，觉得家族能走到如今真的很不容易。詹姆斯头戴"高顶礼帽……精心打理下，纤尘不染，闪耀着光泽"——打理帽子是管家的日常职责。詹姆斯的哥哥乔里恩还戴着海狸皮的礼帽，一顶"巨大的帽子"，天气炎热时才会摘下来，因为"那笨重的玩意儿捂得额头发热"。查尔斯·狄更斯的小说《荒凉山庄》（1855）中，特威卓普先生也留着他的毛毡高顶礼帽："帽子又大又重，从帽冠一直遮到帽檐。"高尔斯华绥小说中描绘的细节反映了老乔里恩的保守；而在狄更斯的笔下，毛毡高顶礼帽则意在强调特威卓普的肥胖和懒惰。新式高顶礼帽代表着现代和成功。这些高顶礼帽的表面精致而脆弱，弧度、帽檐和高度也随季节更替而变化，不仅帽子本身昂贵，如果想要用它来展示优越性，保养的成本也很高。

《帽匠报》中说："帽子的保养状况会出卖一个男人，如果帽子的破败状况一目了然，又如何能成为救赎受伤灵魂的灵丹妙药？"〔54〕在短篇小说《蓝宝石案》（1892）的开头，夏洛克·福尔摩斯仔细查看了一顶圆顶硬呢帽后推断，帽子的主人是一个不爱出门的中年知识分子，正处于人生低谷，妻子也不再爱他。住所没有燃气。帽子样式过时且因刷洗过猛磨损严重，说明妻子对他没有感情；帽子质量尚佳而且尺寸较大，说明脑袋比较大；帽内发现灰白色头发和室内灰尘，说明他人到中年且喜欢宅居。至于为什么说没有燃气，是因为帽子上有五块牛油污渍。事实的真相是，帽子的主人的情况与福尔摩斯所描述的每一个悲惨细节都吻合，但不是罪犯。孤身一人，穿着长礼服，却戴顶苏格兰系带软帽，"既不符合我的年龄，也不符合我的身份"，他很高兴自己的圆顶硬呢帽重新回到身边——帽子就是抚慰他受伤灵魂的良药。养护帽子的焦虑普遍存在——福尔赛家族的帽子由管家保养，而其他人则必须亲力亲为。在赫伯特·乔治·威尔斯（H. G. Wells）的小说《波利先生的故事》（1910）中，一位老人就抱怨："年轻的女士，请不要踩着我的帽子。你的裙子每从上面拂过一次，就带走它 1 先令的价值。"

佩戴角度

如罗伯特·劳埃德 1819 年所说，帽子本身是否漂亮并不是关键，"重点在于……它被以何种姿态放置在头顶"。弗兰克·辛纳特拉（Frank Sinatra）建议："把你的帽子挑起来，角度即态度"——向侧面倾斜时，会显得粗暴、傲慢〔55〕；向后倾斜，则显得悠闲；但若倾斜太过，看起来就会不稳。赫伯特·威尔斯笔下的女权主义女主角安·维罗尼卡独自一人

▲〔54〕破旧的高顶礼帽，1900 年

▲〔55〕高顶礼帽，托马斯·欧翁（Thomas Onwhyn），《爱情竞赛》，亨利·柯克顿（Henry Cockton），1847（左）

▲〔56〕高顶礼帽，理查德·道尔（Richard Doyle），《纽康一家》，威廉·萨克雷，1855（右）

走在伦敦的街道上，突然听到"动人的磁性嗓音"在耳边响起，同她搭讪的是一位衣冠楚楚的男性，"微微倾斜地戴着一顶丝绸礼帽"。她还在困惑的时候，读者已经嗅到危险的气息。劳埃德建议，可以根据不同的情绪将帽子向右、向左或向前倾斜；但帽子不宜戴得太深使帽檐紧贴耳朵；而最糟糕莫过于"将帽子扣在后脑勺上"，这样会令人觉得"轻浮草率"，而且"很怪异"〔56〕。辛纳特拉将帽子微微斜向一侧，传递出一种轻快的傲慢，就像罗伯特·瑟蒂斯（Robert Surtees）小说中的乔罗克斯先生一样，乘船游览归来时，他"得意地将帽子贴在一边，好像压根就不知道什么是晕船"。佩戴帽子的角度可以带来出人意料的喜剧效果，比如，将圆顶硬呢帽向前倾斜搭到鼻子上，或者让高顶礼帽突然歪到一只耳朵上。亨利·柏格森（Henri Bergson）1914 年在发表于《笑声》的研究结果中指出："你会因一顶帽子发笑，令你觉得有趣的不是那块毡料或麦秸，而是人们赋予它的形状——帽子的造型所体现的人的多变。"运动帽特别容易引人发笑——高顶礼帽戴在 1850 年的板球运动员头上潇洒时尚，但前提是他不能跑动，只有这样帽子才不会掉落，但跑动却是必需的。

新帽？ 旧帽？

高顶礼帽是如何做到如此普及的？威利斯认为应该感谢查理·沃洛普（Charlie Wallop）等人，因为他们，伦敦西区的帽匠们重新发现了破旧礼帽的利用价值。查理是一位帽匠，他的妻子是一名装饰女工，他们翻新废弃品，然后"把这些质量上乘的帽子……在酒馆里出售给马车夫、公交司机等人群"，过着不错的生活。亨利·梅休（Henry Mayhew）用插画记录了维多利亚时代的伦敦下层人们的生活，画中的街头小贩和流浪汉都戴着破旧的高顶礼帽，支撑着他们所剩无几的体面。约翰·汤普森（John Thompson）记录了 19 世纪 70 年代伦敦的街头生活，他惊叹于高顶礼帽的新生："帽筒靠下油迹斑斑的部分被剪掉；通常可以通过较短的帽冠部分来辨识二手丝绸礼帽。通过熨烫、刷涂……使其平滑光亮，同时使用油墨、胶水、树胶、油漆、丝绸和牛皮纸去遮盖……时间和穿戴造成的破坏。因此，只需要两三个先令，就可以买到一顶看起来崭新的帽子。"

威利斯强调，绅士的帽子，虽是要做到无可挑剔，但又不应该做得过于明显："对于要求品质的男士而言，如果他们的任何东西都新得很明显，那将是很糟糕的体验。绅士们每天理发，所以从未显露出头发修剪的痕迹。威利斯对客户说："先生，如果您不介意的话，我想说您可以戴一顶有质感的帽子。但请注意，是切实有质感，而不是看似如此……""天呐！我不想要任何看似精致的东西！""确实如此。"一个世纪后，当代的斯蒂芬·琼斯认为："男人的帽子看起来不应该是崭新的、闪亮的……必要的时候，把它丢到狗窝里。"

服装史学者安妮·霍兰德认为："时尚中的乏味比任何身体上的不适都更叫人难以忍受。"到 19 世纪末，高顶礼帽变得单调乏味。在《福尔赛世家》第二部中，小乔里恩去观看伊顿和哈罗的比赛时，"换下了日常的那顶软帽，戴了顶灰色高顶礼帽"，这样做是为了"照顾儿子的感受，而他又实在无法忍受一顶黑色高顶礼帽"。通过帽子建立个人的身份声望逐渐失去市场。索米斯来到报社质问编辑，工作人员"对他的高顶礼帽一番打量，然后带他穿过走廊，将他安置到一个小房间里"，他在那里等了很长时间。在三部曲结束时，高顶礼帽不再是日常穿着："法桐的阴影落在（索米斯）整洁的洪堡帽上；他已经抛弃了高顶礼帽——吸引人们关注财富已经毫无意义。"

2016年的终章

一顶高顶礼帽改变了柯林·罗西（Colin Rosie）的生活，让他从无家可归的流浪汉变为一家成功企业的合伙人。2016年接受英国《金融时报》采访时，他告诉大家，在生活崩溃的那段时间里，他一直保留着那顶陪伴自己多年的高顶礼帽。他发现戴着它在伦敦活动可以带来很多便利。"我可以进到豪华酒店里去使用那里的洗手间。"一天晚上，一位好心人因为这顶优雅的帽子注意到了露宿街头的他，为他提供了住所，还告诉他，如果他可以筹到100英镑，他们便会向他提供相同额度的资金。他找到一些二手高顶礼帽，并从一个市场摊主那里借来摊位，一天内卖掉了所有的帽子。如今他与摊主合作，每周能卖掉约四百顶帽子——包括特里尔比软毡帽、圆顶硬呢帽、费多拉帽，也有高顶礼帽。有些是在亚洲制造的新帽子，但更多的是价值数千英镑的复古款。他计划扩大规模，并希望进军帽子制造业。因此，尽管如高尔斯华绥所记述的那样，帽子在20世纪20年代失势，但在近一个世纪后，我们的文化记忆中仍然保有对高顶礼帽的充分尊重。也正因如此，柯林·罗西才会显得如此特别——不仅是因为帽子，更因为他对帽子的那份情怀。正如罗西所说，帽子"在20世纪60年代过时了，但现在并不缺少佩戴者……我坚信是最初的高顶礼帽帮助我重获新生"。他希望能够回报这一善意。

充满政治意味的洪堡帽

抛弃了高顶礼帽的索米斯·福尔赛选择了洪堡帽。爱德华七世还是威尔士亲王时，从德国带回了这种帽子，他本人在非正式场合也时常戴。与高顶礼帽和圆顶硬呢帽不同，这是一种脱胎于阿尔卑斯登山帽的软毡帽。奥地利建筑师阿尔弗雷德·洛斯（Alfred Loos）对英式帽子有着无比的狂热，

1894年，他将英国帽与阿尔卑斯登山帽——他称之为罗登呢帽——相结合，最终创造出一款别致得体的帽子，认为它将"征服英国社会"。帽子的帽冠顶部凹陷，帽檐上卷，形成独特的轮廓；帽子材质柔软，但又不像"懒散"帽那样容易走形；爱德华的穿戴起到了很好的示范作用，洪堡帽很快得到了城市居民的认可。

《福尔赛世家》清楚地表明，第一次世界大战之前不受欢迎的事物，在战后普遍得到了人们的认可。无论是行为举止、道德标准，还是帽子，相应的规范都愈发松弛。战争期间，虫胶短缺，这意味着人们对高顶礼帽和圆顶硬呢帽的需求无法得到充分满足。圆顶硬呢帽取代高顶礼帽成为城市着装，洪堡帽则开始在非正式的场合中流行，随着其地位的不断提高，其帽身也变得更加坚挺。20世纪30年代，洪堡帽在全英国流行起来，丘吉尔〔57〕交替佩戴它与他那出了名的圆顶硬呢帽。他的继任者安东尼·伊登（Anthony Eden）更是经常戴着洪堡帽出现在公众面前，以至于有人将这种帽子称为"安东尼·伊登"。虽然帽子并没被用来表达政治观点，但1892年的一天，社会党领袖凯尔·哈迪（Keir Hardie）戴着布帽出现在议会时，威利斯还是感受到了原子弹爆炸般的震撼。在议会中大家都是不戴帽的，但在第二次世界大战结束后，需要提出程序性问题的议员们必须"戴着帽子端坐着"。在一幅描绘改革法案通过后的1833年下议院的画像中，一些议员戴着高顶礼帽（其中还有一顶绿色的）。也许就是他们让惠灵顿公爵不禁感慨，从未见过这么多"糟糕透顶的帽子"。

在1953年艾森豪威尔（Dwight David Eisenhower）的总统就职典礼上，洪堡帽还引发了一次政治小风波。依据礼节，典礼上应当佩戴丝绸高顶礼帽，在任总统杜鲁门（Harry S. Truman）曾经卖过帽子，因而对此非常在意，他本人就职时戴的就是这种帽子。《时代》杂志评论，"毕竟，在美国这是

▲〔57〕丘吉尔的洪堡帽，1941 年

最近乎加冕的事情"。但事情的发展令艾森豪威尔感到为难——"如果他戴着高顶礼帽出现在宾夕法尼亚大道上,肯定会遭人唾弃。"面对一些国会议员提出的反对意见,艾森豪威尔坚持了自己的选择:"让他们做丝绒礼帽男孩好了。我还是戴我们的深色洪堡帽。"杜鲁门感到十分气愤:"总统应该穿戴最正式的服装和帽子。"艾森豪威尔是共和党人,杜鲁门是民主党人,但情况往往就是最激进的变革由保守者来推进。这次帽子之争似乎无足轻重,而美国帽子制造商莫蒂默·洛布(Mortimer Loeb)则认为这件小事是对高顶礼帽的致命打击。

帽子从现代男士的服饰中渐渐消亡,肯尼迪(John F. Kennedy)总统对此负有不可推卸的责任,他那孩子气的额发从不会安静地待在帽子里。但这种衰落其实自20世纪30年代就已经开始。来自堪萨斯州的艾森豪威尔,可能一直在排斥东海岸的精英主义。但是,不戴帽子同样也关乎舒适和个人选择。事实上,肯尼迪在1960年的就职典礼上戴了高顶礼帽,但此后再也没戴过。肯尼迪家族堪称美国的王室,肯尼迪本人完全没有必要故意迎合礼仪规范。视自主、舒适和个人形象高于大家公认的社会规范,这两位总统不知不觉进入了一个新时代。法国哲学家和社会学家贾尔斯·利波维茨基(Gilles Lipovetsky)认为,在这个新时代里,"我们喜欢什么……不再是因为它们赋予我们特定社会地位,而是因为它们能够提供服务,满足我们的生理或心理需求"。

肯尼迪也没有戴过特里尔比软毡帽。软毡帽在洪堡帽之后开始流行,不过很少有人能区分费多拉和特里尔比【编者注:分别以戏剧角色 Fedora 和 Trilby 的名字命名】。两者都由软毡料制成,冠顶凹陷。但前者帽檐更宽,颜色通常也较浅,在美国和欧洲大陆比在英国更受欢迎,印第安纳·琼斯(好莱坞电影"夺宝奇兵"系列的主角)这样的冒险家和波希米亚人认为它

▲〔58〕费多拉帽，出自美剧《广告狂人》，2012

浪漫，同"懒散"帽相比又显得庄重得体。如美国帽子发展史领域的研究专家黛比·亨德森（Debbie Henderson）所说："当今时代的着装不拘一格，费多拉帽可以象征各种社会阶层或职业等级。如果说艺人青睐圆顶硬呢帽，那么费多拉帽则是时尚达人的选择……因为那是现在最为精致高端的着装风格。"〔58〕在英国，特里尔比软毡帽成为商务人士的常见帽子，圆顶硬呢帽的领地收缩到伦敦和圣詹姆斯。

平顶硬草帽和巴拿马帽

威利斯说："任何一位上流社会的体面男士都无法想象，5月以后在室外还戴着圆顶硬呢帽。过了5月，平顶硬草帽会像树篱上的野玫瑰一般涌现，深色的圆顶硬呢帽则被小心地收藏起来，直到10月天气再次变冷。"所以布拉姆·斯托克（Bram Stoker）笔下的德古拉伯爵一身黑色装束走在11月份伦敦的街上，戴着顶"不得体也不合季节"的草帽，就意味着异常情况的出现。汉弗莱夫人认为"草帽不能搭配任何黑色外套"，而且，草帽属于休闲帽子而非城市穿着，德古拉的装扮并不得体。

草帽一直是乡村劳动者衣橱中不可或缺的装备，它们同时也受到时尚界的青睐："圆顶硬呢帽、平顶硬草帽等帽型之所以能够在上流社会中占有一席之地，究其原因，是因为这些帽子在底层社会具有持久的生命力。"平顶硬草帽最初是英国海军的头饰，在帝国一些较为炎热的地区，草帽会比传统的漆皮帽子更加清凉。维莱特·坎宁顿（Willett Cunnington）注意到"航海帽"首次出现是在1849年，接下来的10年间它便成为时尚单品——"帽冠扁平，帽檐较窄，丝质帽带在帽子后面飘荡。"市场上可以买到各个价位的草编水手帽，它们都能够很好地搭配夏季的浅色服装，因此很快打破阶层的界限，得到各阶层男女老幼的青睐〔7〕。男学生和神职人员普遍开始佩戴圆顶硬草帽，到了世纪末，在威尔士王妃的启发下，女性开始对平顶硬草帽进行装饰，然后用帽针将它们固定在头发上。女子学校也佩戴平顶硬草帽，但只有圣伦纳德女校为帽子装饰了铃铛。

在维多利亚时代晚期的炎热夏季里，老乔里恩·福尔赛发现再也无法忍受他的高顶礼帽，男士们开始用轻质毡帽、平顶硬草帽和巴拿马帽替代高顶礼帽。据 1894 年《帽匠报》报道，"天气太热了……最后常识取得了胜利，草帽突然开始流行"，报道中还提到，女士们开始编草辫，"女王本人也在为她的子侄们编织做帽子所需的草辫"。

坎宁顿认为草帽是 19 世纪 90 年代最重要的头饰，它"摧毁了古老的社会等级符号，在这种新式帽子面前没有阶级之分"。然而，差异是创造出来的，以高顶礼帽为例，帽子的保养状态、风格和倾斜角度都十分重要；不会有很新奇的东西，至少不会像普特尔的头盔那样与众不同。威利斯说："真正的守旧派对常见的乳白色平顶硬草帽很是不屑……那标志着你不属于上流社会，他们只会选择仿佛旧羊皮纸一般的深色草帽。"一本建议手册中说，夏季的社交活动并不在"城里"，所以，"如果你碰巧此时在城里，你尽可以穿件轻薄的休闲西装，戴一顶草帽"。在阿诺德·贝内特的《老妇谭》中，那是一个伦敦的夏日，马修·皮尔 – 斯文纳顿（Matthew Peel-Swynnerton）"扶着头上的草帽"跳下马车，同另一位"戴草帽的家伙"西里尔·波维打招呼，后者是一位前途不可限量的外省人。这位车夫等待时，"没想到乘客是那么小气和无礼。他知道斜起草帽是什么意思"。他看走了眼——马修破产了，支付费用的是西里尔。

1900 年贝内特的小说完结时，这位英国绅士的着装已不再是社会稳定的象征，而是如克里斯托弗·布雷沃德（Christopher Breward）所说的那样，"成为角斗场，上演着各个社会群体的兴衰斗争"。巴拿马帽的制造地在厄瓜多尔，但是因为从巴拿马出口而得名。在加利福尼亚"淘金热"期间，这种帽子一直很受欢迎，但它在全球范围内的流行还要归功于拿破仑三世（Napoleon III）在 1855 年巴黎展览后做的推广〔59〕。得益于优质精细的草帽编织工艺，帽子的材质观感和手感都如同丝绸——价格自然也不菲。爱德华七世在邦德街购买了他的"百英镑巴拿马帽"，花费了 90 英镑（约合今 800 英镑）。《海滨杂志》大为震惊："（这）足以支付 3 个月假期的花销，足以供你的儿子在大学读书，足以买下一家小农场。"

赫伯特·乔治·威尔斯与高尔斯华绥是同一时期的作家，他笔下的平民主人公基普斯生活在爱德华时代【编者注：指 1901 年至 1910 年英王爱德华七世在位时期】。一笔遗产打开了基普斯进入上流社会的通道，但礼节上的挑战层出不穷，令他苦不堪言。和高尔斯华绥一样，威尔斯专注于通过帽

PANAMA HATS ON THEIR WAY THROUGH THE GATUN LOCKS TO MADURO'S SOUVENIR STORE.

▲〔59〕巴拿马帽，约 1900

子这一重要物件追踪基普斯的经历。基普斯渴望"成为一位绅士，即使不成，至少也要有个绅士的样子"。他看中一顶"剪裁糟糕到极致"的巴拿马帽，想知道在哪里能够买到；很快，他就做到了"头戴巴拿马帽，手拿镶银手杖，（这让他感觉）大不相同"。

基普斯的交往对象海伦出身中产阶级家庭，因而他对自己的外表十分在意："幸运的是她没有看到那顶巴拿马帽。他也意识到帽檐不应该那样卷起来。"在划船派对上，他没戴巴拿马帽，看起来好了很多，但戴着高顶礼帽的他随后还是陷入了尴尬，海伦简直要疯了，"'真正绅士的优雅是很自然的，而不是费尽心力去表现得优雅。'（基普斯）恨不得将他的丝绸礼帽撕成碎片。"很明显，礼仪与人所处的阶层有关。正如皮埃尔·布迪厄（Pierre Bourdieu）在研究这一问题的专著中所说，上层阶级的特别之处在于，即使没人教，你也应该了解这一切。压垮基普斯的最后一根稻草——正如其字面意思，是一场聚会，他身着一件长礼服，搭配"浪漫的巴拿马帽和灰色手套，但却为了放松穿了双短靴"，散发出一股浓浓的"海滨休闲"气息。雪上加霜的是，他与做女服务员的初恋安妮久别重逢，在这样的场合，无疑是一场惨败。他抛开《上流社会礼仪》中所写的一切礼仪规范，放弃海伦，与安妮重归于好；基普斯扑进安妮的怀抱，"任凭那顶时尚而又昂贵的'吉布斯'帽掉落下来，滚了几圈后安静躺在地板上"；此后，小说中就没有再出现帽子。威尔斯将这对夫妻重新送回生活的正轨——经营商店。

帽子的礼仪

很少有人能够将威尔斯笔下基普斯的形象同卓别林扮演的小丑分开。波辛尼的帽子戴错了，但没有闹出笑话。而基普斯没能挑选出与出席场合相匹配的帽子，这涉及一个棘手的问题——帽子的礼仪。应该在何时、何地，向谁脱戴帽？如果帽子掉了又该怎么办？18世纪时，假发的盛行改变了脱帽的方式。以前人们摘下帽子后会贴着大腿放，帽顶朝外，然而佩戴假发以后便不用担心帽子的里衬会油腻，也便不介意将帽子内部展示出来。当羽毛装饰的骑士帽收缩成整洁的三角帽时，戴帽子的必要性也就消失了，拿在手中就足够了。最终出现了纯粹礼仪性的"手帽"，至今仍有人使用。在1737年的一本关于跳舞和举止礼仪的插图手册中，我们可以看到姿态各异的脱帽和鞠躬

▲〔60〕"鞠躬"，丹德里奇（B-Dandridge）& 布瓦塔尔（L-P. Boitard），《绅士举止入门》，伦敦，1737

方式，以及复杂的跳舞动作〔60〕。1897年的一本建议书中提到，"脱帽算得上是非常精细的表演，需要大量的学习和积累，是优雅的典范"，它着实无法原谅现代男士"在几秒钟内就完成"。

如何得体地向女士脱帽致意成为男士们新的忧虑。在海伦否定了基普斯在绅士气质培养方面付出的努力之后，基普斯整日惶恐不安，在任何地方见到女士都会脱帽。虽说礼仪有助于"社会顺利运转"，但是如何娴熟地适应

礼仪规则，需要一番异常烦琐的操作："绅士应该在女士向自己鞠躬后脱帽。如果与女士并不相熟，绅士在回应对方的鞠躬时应该这样做……将帽子从头上微微抬起。"如果与女士是朋友，"脱帽的动作幅度，则具有更大的选择空间"〔61〕。如果遇到不熟悉的女士与自己的男性朋友一起散步，作为绅士"不应该脱帽，而应该向他的朋友点头致意"，绅士们"相互之间打招呼不通过脱帽，只需要点头致意"。然而，汉弗莱夫人在《男士举止》中坚持认为："在好友有女士陪同，或男士自己有女士陪同这两种情况下，即使好友之间也要脱帽行礼。"

一份 1859 年的美国指南中的帽子礼仪似乎异常繁杂。例如，遇到社会层级低于自己的人，应该"友好地口头问候，不应鞠躬或脱帽"。同时遇到女士和男士，"绅士应该脱帽……首先向女士鞠躬"，然后"躬身转向"男士，"分开时，再次脱帽"。如果有女性朋友邀你交谈，"要由对方终止谈话，并在离开时将帽子完全摘下"。此外，如果"陌生女士和你说话……郑重脱下你的帽子，说话时要注意言辞礼貌"。在亨利·詹姆斯（Henry James）的小说《美国人》（1877）中，在巴黎的公园里，当贵族贝莱佳德斯拦下克里斯托弗·纽曼，后者就遵循了这一套礼仪规矩，"纽曼走到他们面前……他轻轻抬起帽子"，礼仪一丝不苟，他们不得不停下脚步听他把话说完。

威利斯感慨道："为了脱帽礼，我们不得不对高顶礼帽的帽檐进行加固，这样才能够承受住上流社会的力道。"威利斯本人有一次完美的脱帽行礼的体验。1901 年的一个早晨，在海德公园中散步的他注意到一辆开放式的马车："车上的乘客吸引了我的目光，我认出了那是国王……我笨拙地抬起帽子。他随即举起了帽子回应我们。"甚至基普斯也成功地演绎过脱帽礼："他犹豫了一会儿，突然用他的帽子做了件很漂亮的事情。帽子！承载着文明的伟大帽子！"直至今天，脱帽行礼仍然是有教养的典范，据《爱尔兰时报》

▲〔61〕"打招呼",《举止、文化和着装》,理查德·威尔斯(Richard Wells),纽约,1891

报道说，2014年爱尔兰总统希金斯（Higgins）访问英国时，温莎城街道上那些负责传报消息的人员，还担负着一项重要任务，那就是提醒地方议员在希金斯夫妇、女王和菲利普亲王乘坐的马车经过时脱帽。

拜会他人意味着要进到别人家中，那么在室内该如何放置帽子，可能会开启另一只潘多拉盒子，导致尴尬的失礼。1888年的《卡萨马西玛公主》是最能体现亨利·詹姆斯阶级意识的小说，书中多处涉及帽子。卡萨马西玛公主的丈夫与她许久不联系，他很好奇，那些在妻子位于伦敦的住所进进出出的，究竟是她的情人还是生意人。有人告诉他现在这位名叫海恩辛斯·罗宾逊的年轻人是一个装订工人。这个答案并没有让他满意："如果是这样，她怎么会让他进入客厅——他像是位大使，手中拿着一顶和我一样的帽子？"然而，海恩辛斯成长于伦敦的底层家庭——如威利斯所说，他们是礼节的忠实捍卫者。

詹姆斯并没有借行为手册来嘲笑海恩辛斯。海恩辛斯知道绅士"应该摘帽，拿着帽子进入客厅。与房子的女主人打过招呼后，他可以根据自己的喜好把帽子放在椅子或桌子上，或是继续拿在手中"。汉弗莱夫人进行了详细解释："拿着帽子……是因为男性来访者认为自己拥有选择权……如果他感到自己不受欢迎，随时可以离开。"海恩辛斯的优雅令王子困惑的同时也令公主不悦，她抱怨道："你今天完全就不像是一个装订工人。"海恩辛斯觉得自己是受邀的客人，而公主却以为他会以工作时的形象出现，这是对他的侮辱，于是他说："你是把我当成了一只稀奇的动物。"她希望他能表现得像一位不懂礼数的平民，借此树立自己阶级叛逆者的形象，从而惹恼自己的丈夫。因为这样一来，她的丈夫自然会怀疑这位装订工是不是对他的地位、财富或妻子有所企图。

人们可能会期待，在查尔斯·狄更斯小说《远大前程》（1862）中的铁匠乔·加吉里身上，是不是会发生很多和帽子有关的趣事，就像基普斯一样。毕竟狄更斯的小说中经常用着装元素来搞怪，用它们来标记怪异的人物。乔到伦敦去看望正在接受"改造"的皮普，而皮普早已将乡下的家及家中的姐姐和姐夫乔抛诸脑后。"'很高兴见到你，乔，'皮普说，'把帽子给我吧。'但乔用双手小心翼翼地捧着自己的帽子……不愿意与它分开"，他在寻找一个地方放帽子。皮普非常恼火。看到帽子要滑下来，"乔冲过去，在掉落时将它一把抓住；有时在半空中碰到，便会将帽子打飞起来，在房间各处飞来飞去"。但狄更斯让这一切戛然而止。乔拿着帽子说："在伦敦，你和我不是同一个世界的人……我不该穿成这样。"皮普的脸色突然黯淡下来，直到此时，他才意识到自己的优越感是如此失礼。当读者被这些内容逗乐时，也成为这种优越感的共犯。

女士的礼仪

相比于男帽，女帽没有那么强的地位象征，所以无论室内室外，相关礼仪规范都相对宽松。18世纪时，女性用便帽搭配便装或者礼服，或是将它戴在外帽下作为户外着装的一部分。上流社会的女性能够更加自如地面对自己不戴帽子的形象。19世纪，便帽是已婚或成熟女性的常见装扮，佣人或者老人也会佩戴。晨间的便帽比较简单，午后招待时的便帽则精致很多。拜会他人时一定要戴系带软帽，后来变成要戴普通的帽子。但想通过手册对款式进行规范，比较难实现；手册有时会挑选一些当下流行的款式进行点评，通常都是批评多于欣赏。

从18世纪后期开始，女性在公共场合扮演的角色空前重要。相应地，在一些地方和场合，女性的着装也开始受到显性或隐性规则的约束——尤其是她们的头饰。但一直到 20 世纪 60 年代，有一点是始终不变的——女性必须戴帽出门。格温·拉弗拉（Gwen Raverat）回想起 19 世纪 90 年代自己的童年时光时，曾对帽子十分厌恶。成年人告诉她："如果光着脑袋出门，我们要么会感冒，要么会中暑。但其实真正的原因是这样做才是正确的。"在《福尔赛世家》中，艾琳提出要同索米斯离婚，索米斯根本听不进去，艾琳就以此要挟："'天呐，我们能不能别再说这些乱七八糟的废话。戴好帽子，然后我们到公园里去坐下'……'然后你会让我离开吗？'"她问道。"'你给我听好……就说一次，不要再说这些了。现在去把帽子戴上！'她没动。"索米斯最终还是让步了，"摔门而去……没戴帽子也没穿大衣，向广场走去。'真是够了！这种折磨什么时候才能结束？'"——很难想象这样一位传统、含蓄的男士竟会有如此举动。

节日盛装

在礼拜、婚礼和葬礼等与宗教有关的场合中，想做到着装得体，帽子必不可少。拉弗拉还记得周日早上"戴着缎带装饰帽"的两个女孩，"帽子扣在她们花了很长时间收拾出的蓬松卷发上"。与帽子有关的活动以及围绕帽子展开的争论大都发生在教堂，这里既不是私人空间，也不属于公众场所，而是自成一派，因而没有明确的规则。我们知道，禁止男性在教堂中戴帽的做法由来并不久远——直到 17 世纪，男女教众在教堂里都是要戴帽的，就如同在公共场所一样。内战【编者注：1642 年 8 月 22 日至 1651 年 9 月 3 日在英国议会派与保皇派之间发生的一系列武装冲突及政治斗争】后，英国的宗教宽容并没有延伸到帽子，人们援引圣保罗的指示——男人不得在教堂内裸露头顶，女性的头部在主日时也要被遮起来。但是也存在例外，1604

年的宗教仪范规定："礼拜期间，任何男子在教堂内不得遮盖头部，因身体原因需要戴帽的，应戴睡帽或压发帽。"根据 19 世纪时的规定，男性应该在门口摘下帽子，不得将帽子留在圣洗池中。在一些美国教堂的内外墙壁上可以发现一些挂钩，但一般情况下，男士们应尽可能地将帽子整理摆放好。

狄更斯喜欢星期天，因为那一天"工人的妻子们会戴上精美的系带软帽，孩子们也会戴上羽毛帽，一切都是如此美好"。教堂是欣赏别人，同时也是展示自我的场所，每周都有一次这样的机会。弗雷德里克·威利斯还记得那时"对黑色和深色的偏执喜爱"，而托马斯·哈代的乡下姑娘则喜欢"在周日选择一顶时尚的帽子"。斯泰尔斯关于 18 世纪服装的观点是，时尚不局限于富人。随着机械化程度不断提高，来自远东地区的麦秸辫越来越便宜，女工也能够消费得起周日的"盛装帽"。在邻人看来，庄重和时尚在教会中是两回事。在哈代小说《绿荫下》（1872）中，芬西·戴即使周日不参加礼拜活动也会戴上羽饰帽，这令她的未婚夫迪克很不安，他说："你以前从没有穿得如此迷人。"其他人则更直言不讳，持重的女总管说道："不知廉耻！卷发、帽子和羽毛装饰！……在教堂就应该戴系带软帽！"帽子是佩戴者心情的晴雨表，华丽的羽饰帽暗示着芬西找到了比迪克更吸引她的对象。

丧服

在英国，直到 19 世纪末期，依照传统葬礼习俗，牧师会将黑色丝绸包裹的帽子挂在布道台的后方，直至仪式结束。参加葬礼的人仍然戴着黑色丝绸高顶礼帽，女性也是如此。这一时期，女性参加葬礼已经非常常见。进入 20 世纪后，黑色高顶礼帽也一直被公认是最佳的丧服着装。19 世纪美国人的哀悼仪式比英式的更加煎熬——根据 1891 年的《女士之家杂志》报道，死者遗孀应在 3 个月内佩戴及地长面纱，随后的 6 个月里长面纱可缩短至腰部。1892 年发行的英国《上流社会礼仪》对礼仪要求虽不那么严格，但也建议遗孀为逝者守丧两年："寡妇的便帽应该佩戴一年零一天。"〔62〕乔治·艾略特小说《米德尔马契》的故事背景设定在 1832 年，19 世纪 70 年代小说出版时，社会上对礼仪的要求已经相对宽松。小说中，因丈夫去世，而从不幸的婚姻中解脱出来的多萝西娅·卡索邦全身黑色着装。她那顶凄凉的便帽，在夏季是如此不和谐、不真实。她的妹妹西莉亚对此十分恼火，摘掉了她的帽子。后来，多萝西娅与一位来访者进行了"激烈的交流"，西莉亚狡黠地指出，"摘掉便帽以后，你从各个方面都更像你了"。

黑色便帽与最终的死亡相互关联，英国法官在宣判死刑时会佩戴黑色帽子。还有一条奇怪的礼仪规定，君主在场时人们应该佩戴黑色便帽，尽管不这样做也只是很轻微的冒犯。

婚礼

如今人们普遍已经很少戴帽子，但出席婚礼时还是对帽子有所要求。婚礼上戴帽的主张发端于 1753 年的《婚姻法案》，在当时的英国，婚礼必须在教堂举行，而且需要证婚人在场见证。按照教会传统，男女双方必须戴头饰，

▲〔62〕丧期系带软帽（宽边花式女帽），1910，美国

▶〔63〕婚礼系带软帽,《幸福家庭如何组建》,柯顿（J. W. Kirton），伦敦,约 1880

男方的帽子要在进门前摘下。以前，婚礼往往在一天里较早的时候举行，仪式进行时佩戴系带软帽（后来变为佩戴帽子）颇为合适。托马斯·哈代曾这样谈到他笔下精明的农民："他了解自己能和她一起走多久，也清楚地知道要在教堂里见到摘下系带软帽的她。"新娘当然是教堂里唯一不戴系带软帽的女性。根据 1890 年的《现代礼仪》，花环和面纱是必不可少的。然而，对于安静的婚礼来说，系带软帽和面纱才是正解〔63〕。在威廉·萨克雷的《名利场》（1847—1848）中，爱米丽亚·赛特笠生活困顿之时，婚礼头饰是一顶"粉红色丝带装饰的草编宽檐系带软帽，上面蒙着白色尚蒂伊蕾丝面纱"。但是，当爱米丽亚最终投入都宾的怀抱时，戴的是一顶白色系带软帽——因为那是在街上，而不是教堂，所以并没有违背礼数。如今，婚礼的焦点已经从教堂仪式转移至晚宴，高顶礼帽逐渐淡出人们的视线，轻巧的花朵羽毛头饰取代了帽子，大尺寸的华丽帽子却依然可见。南希·米特福德（Nancy Mitford）将它们称为"恐怖的巨大筒套"。

普通帽子还是系带软帽？

19世纪下半叶，普通帽子和系带软帽之间产生过冲突。芬西·戴的羽饰帽过于夸张，但最令大家震惊的是她在教堂里戴普通帽子，而不是系带软帽的做法。尽管"帽子"和"系带软帽"这两个词对应的英文术语通常可以替换使用，但和如今常见的帽子不同，系带软帽遮住大部分头发和脸部，用系带在下巴下面系住。在亨利·詹姆斯的《罗德里克·赫德森》（1876）中，女主人公的监护人格兰多妮夫人前往拜会罗德里克的母亲。赫德森太太说："她年纪大了，只适合戴系带软帽。我是不敢戴那种帽子。"詹姆斯小说发行于19世纪70年代，那时，各式帽子几乎已经完全取代了系带软帽，但赫德森太太作为一位保守的新英格兰人，仍觉得到了一定年纪就只能戴系带软帽。

地点和场合

在茶会或简短的礼节性拜会中，女士们脱帽再戴上会显得很烦琐。但除这些场合外，女性在室内是不戴帽的。2015年11月，《每日电讯报》刊登了关于帽子礼仪的读者来信。一位读者说，记得自己的姑妈始终在前门放着一顶帽子——如果是位不速之客，她就假装要出去；如果是受欢迎的访客，她就表现成刚刚进门。19世纪，百货商店、酒店、餐馆和展览厅的发展模糊了室内室外的界限，使礼仪变得更加复杂。一位读者在给《每日电讯报》的来信中回顾了父亲曾经告诉他的话："在商场中，逛到女性经常光顾的区域时应该摘下帽子。"可以想见，人们在购物时还需要保持相当敏锐的意识。从沃尔特·西克特（Walter Sickert）和图卢兹·劳特雷克（Toulouse Lautrec）的画作中，我们可以清楚地发现，至少在英法两国，咖啡馆、酒吧和音乐厅中的男女都是戴着帽子的。然而，到了 20 世纪 30 年代，当帽子设计师艾格·萨罗普考虑设计外出用餐的帽子时，一位酒店领班提醒他，7 点以后只有妓女才会戴帽子。

舍伍德太太（Mrs. Sherwood）就如何在酒店得体戴帽给出了一些建议，对人们很有帮助。她推崇"男士们在楼梯和酒店大堂遇到女性时脱帽行礼"，同时认为很少会有人在酒店大厅里戴帽。在花园派对上，主客双方戴帽都是没问题的；船甲板作"室外"论，画廊也是如此。托马斯·哈代小说《贝姐的婚姻》（1876）中，女主人公埃塞尔贝姐成功跻身上流社会以后，带着做工匠的兄弟参加伦敦一年一度的皇家学院展。置身上流社会人士中间，兄弟几人"对这些衣冠楚楚的人过于恭敬了……走路时帽子拿在手中，一副温顺的局促神情"。

高顶礼帽是进剧院的必要装备。但是进入剧院后帽子应该如何放？可折叠的"吉布斯"高顶礼帽解决了男士们的苦恼，折叠后可以放到座位下；女性可以戴着普通帽子或系带软帽，但是出于不遮挡后面观众观看的考虑，还是会摘下帽子。这种做法对 19 世纪 90 年代的大尺寸帽子就构成了问题。所幸，此时宝石发饰开始流行，詹姆斯笔下的卡萨马西玛公主在剧院包厢中时就佩戴了"两三颗星形钻石"，很好地维护了礼仪规范。簪一朵花也可以实现类似的效果，但这种做法并不常见。

赛马场

弗雷德里克·威利斯回想过往的时光，愉快地说道："德比、爱斯科、古德伍德，还有伊顿和哈罗的比赛，这些对我来说意味着什么呢？那就是要熨更多帽子，有更多坏掉的高顶帽子要修补。"在伊顿和哈罗的比赛中，老男孩们和学生们的帽子将受到摧残，而女士们（即使在 1969 年）则必须"穿着最美丽的夏装""戴帽"，祈祷它们不会遭殃。如今，人们可能会穿着牛仔裤去看歌剧，但由于某些原因，出席赛马会仍然必须佩戴帽子，赛马会也因出席者的精致服装备受公众关注。最初的礼仪似乎源于人们的一种默契——每个人都要穿着自己"最好"的服装。威廉·弗里斯（William Frith）1858 年创作的绘画作品《德比日》是维多利亚时代社会的缩影，呈现了这一时期的各类头饰。在这幅叙事性作品中，高顶礼帽成为地位和性格的标识；最普遍的还是系带软帽，从简单质朴到极端奢华，风格各异。

乔治·摩尔的小说《埃丝特·沃特斯》（1894）将一个关键场景设定在爱普森，很多地方都可以看到弗里斯绘画的影子。饱受穷困之苦的埃丝特在还清债务后，添置了一顶白色帽子用以参加德比日活动，"帽子用淡紫色和白色蕾丝进行了精心装饰"。她的丈夫威廉"戴着白色帽子，绿色的领带配着黄色小花，神采奕奕"。两人坐上公交车，奔赴小说中一次短暂而欢愉的休假时刻。车上还坐着一群身着粉裙黄帽的丰润女孩。根据如今的礼仪规范，在看台上只需"穿着得体的休闲装"；而在女王看台和主看台上有所不同，"女士们要戴帽子或花朵羽毛头饰"，男士们则"穿着灰色晨礼服，戴高顶礼帽"。

顾名思义，王家爱斯科赛马会必然与王室有关。爱斯科马场由安妮女王于 1711 年创立，现已成为伦敦社交季的时尚焦点。最负盛名的比赛是金杯赛，而帽子之间比拼的激烈程度绝不亚于赛马。《现代礼仪指南》认为，应该把最好的帽子留到这个场合："人们发现，一些知名人士观看爱斯科赛马会时，可能会两次穿同样的衣服，但绝对不会戴同样的帽子。"对王家围场的访问是有限制的，而且要执行严格的着装要求——男士着灰色高顶礼帽，女士着日用礼服和头饰。最近，那些被戏称为帽子临时替代品的花朵羽毛头饰，已经被禁止入内。但帽子，或庄重严肃，或荒诞不经，各具特色，引起了媒体的极大关注，在关注度上，赛马反而只能屈居第二〔64〕。1912年，

▶〔64〕王家爱斯科赛马会"女士日"活动的出席者，2011

哈利·格雷厄姆（Harry Graham）创作了一份漫画建议手册，用以讲述自己和朋友们的故事。他们匆匆赶往爱斯科时弄丢了高顶礼帽，十分恐慌："显然，任何一个要脸面的人都不可能戴着草帽在王家围场周围活动！"官员们一改平日的严肃儒雅，观众们放声大笑，这种种行为都被归结于"向社会主义的突然转向"。

如果说肯尼迪总统在 1960 年给了男帽致命一击，那么 1965 年简·诗琳普顿（Jean Shrimpton）在墨尔本杯上的亮相则宣告了时装帽的危机和一个时代的消逝。自 20 世纪 30 年代以来，帽子的发展一直处于衰退阶段，肯尼迪和诗琳普顿将这一趋势进一步凸显出来。顶级模特诗琳普顿一直是媒体关注的焦点，她出席这一社交盛事时，身着无袖迷你连衣裙，秀发飘扬，（因为天气炎热）没穿丝袜，也没戴手套和帽子，与周围的帽山帽海形成明显对比〔65〕，充分证明了少即是多。正如普鲁登斯·布莱克所说，与她相比，其他所有人都显得"不够时尚、形象邋遢"。玛雅女士（Lady Mayoress）气愤地说："在周六没有戴帽子或手套……是非常不礼貌的。"事实上，活动的第二天她就戴上了帽子，就如同肯尼迪在就职典礼上也戴了高顶礼帽一样，但是无济于事，对帽子的打击已经造成。帽子没有就此消亡，但 1965 年标志着帽子发展过程中一个时代的终结。来自其他文化的移民不断冲击传统文化，在澳大利亚，一种倾向无阶级差别、挣脱繁文缛节的身份认同正在形成。具有讽刺意味的是，促使这种转变发生的简·诗琳普顿，是一位英国人。

布莱克解释说，为了保持赛马项目的生命力，现在澳大利亚鼓励年轻人将墨尔本杯视作帽子的时尚盛典。诗琳普顿攻击了一味的顺从，她如同一位英雄，仿佛领导人民的自由女神。时尚可能会与礼仪产生冲突，而这些冲突会演变为新的时尚。帽子在一段沉寂后会再度复兴，不是为了赶时髦，而是

▲〔65〕亮相"墨尔本杯"的简·诗琳普顿，1965

为了乐趣和庆祝——不仅在墨尔本，在爱斯科和爱普森同样如此。跳出礼仪的雷区以后，男士们可以根据个人心情选择帽子。老一辈可能很难认同现在的做法，但如今在街头、聚会和音乐会中，室内室外都可以看到有人戴特里尔比软毡帽和费多拉帽。佩戴帽子的态度已然发生改变——它们现在被用于娱乐和造型，而不是彰显地位或建立声望。爱斯科为我们提供了装扮自我的机会，我们有什么理由不去把握呢？

在小说《福尔赛世家》的结尾，索米斯去了爱斯科。女儿芙蕾为他准备了一顶灰色高顶礼帽，告诉他："这是今年最流行的款式。"索米斯感到不解，他说："这种大而无用的东西，真想不出为什么给我准备这么一顶帽子。"在赛马会现场，他兴奋不已，情不自禁大声欢呼；他摘下帽子朝里面看，好像是要发现它到底承载了怎样的秘密。小说开篇时性情冷酷的索姆斯开始心生同情。终于，他摆脱了过去，开始充分体验当下的生活。索姆斯的帽子不仅得体，而且"十分时尚"。他穿戴了合适的着装，做了对的事情，结果便没那么糟糕。帽子这种"重要物件"已然回归，就像福尔赛家族一样——虽是相同但又有所改变。

传统的保留

乔治·萧伯纳（George Bernard Shaw）认为，后天的礼仪观念比先天本能更加强力——没有什么能够诱使一位英国军官"戴着高尔夫球帽穿过邦德街"。礼仪是铭刻在英国人心中的印记，当它丢失时，会给日常生活带来很多麻烦——在银行中似乎尤其如此。2015 年《每日电讯报》刊登的读者来信中，一位读者记得父亲告诉他："进入银行后你可以不摘帽，但前提是你账户上有钱。"回到 20 世纪 30 年代，《泰晤士报》收到一封关于该问题的来信："我做不到在银行里不脱帽，我知道有人会觉得这样做不合常理。

但那个可怜的银行经理做了什么，为什么要遭受这样的无理对待？"还是说，光着脑袋就意味财务处于透支了？对待女士的礼节方面也同样存在问题。刚刚那封信中提供了一种解决方案："我常常保持（我希望是有魅力的）微笑，微微颔首……以一种缓慢、略带好感的方式……这种方法如今依然奏效。"在《福尔赛世家》的结尾部分，芙蕾"笑了笑，那个家伙冲她歪了歪自己的帽子。他们都这样做了，但是这样会让人舒服吗？"她可能会更喜欢"缓慢、略带好感的方式"吗？她似乎也不确定，但无论如何她还是笑了。2011年的一天，我戴着一项自认为非常时尚的斯泰森帽，沿皮卡迪利大街正走着，这时，一位素未谋面的绅士向我走来，触了触头上圆顶硬呢帽的帽檐同我打招呼："早上好，女士。"这令我心情愉快，我对他报以微笑。帽子之间的交流能带来陌生人之间的友好，让我在灰蒙蒙的清晨收获到一份明媚的愉悦——帽子的礼仪仍在奏效。

Chapter V

圆顶硬呢帽和
牧羊女帽

本章中，我们将会锁定两种风格迥异的帽子，追溯它们的发展历程和后续的使用情况。这两款帽子能够说明穿戴者的身份，借此形成帽子自己的身份特征，这种特征又可以将它所代表的身份投射到穿戴者身上，也可能被"二度"解读为一种讽刺意味的模仿。圆顶硬呢帽和宽檐牧羊女帽分别是男性和女性的标志性帽子，辨识度很高，几经沉浮，却从未被淘汰。两种帽子形成了与特定气质和特定场景的稳定联系：圆顶硬呢帽让人想起现代社会中的商人——尤其是英国商人；而牧羊女帽总是会勾起人们对如梦似幻的乡村生活的憧憬和回忆。

第 4 章结尾我讲述了和一位戴圆顶硬呢帽的先生之间的礼貌互动，想来其实有些可笑。我们很清楚我们那种交流是反常的。在伦敦，他可能是位公务员或金融家，有一种非常傲慢的保守，属于典型的英国人。但是也有可能他只是在扮演这种角色，毕竟到了 2000 年，圆顶硬呢帽几乎已经成为"演出服装"，不再是日常着装。我戴的是斯泰森帽，帽檐宽一些，帽冠高一些，或者随意更换一种颜色，都没问题。但他的帽子却不可以，那是自 1850 年黑色洛克圆顶硬呢帽传承至今的经典。出了伦敦，这帽子就会显得很奇怪，一些老派的工头可能会戴，但是在 2000 年时，它确实已经如工人的布帽一般落伍了〔66〕。

圆顶硬呢帽

是谁制作了第一顶圆顶硬呢帽？关于这个问题一直都存在争议。在乡村，马背上的士绅长久以来一直戴着坚硬的圆帽，工人们戴的是半硬的萨尼特帽。但根据研究洛克家族史的学者的观点，霍克汉姆的托马斯·库克（Thomas Coke）发现自家猎场看护员的萨尼特帽时常被树枝挂住，给追捕偷猎者带来很多麻烦。所以 1850 年，他拜访洛克先生，提出想要定制一顶硬质、低冠、紧贴头部的帽子，树枝要能够从上面划过，不会轻易挂住。洛克向南华克的帽匠威廉·鲍勒（William Bowler）明确了产品要求，后者此时已经开始在实验中应用新的制毡机械。库克在验收产品时直接跳到了帽子上面。洛克先生"大吃一惊，但没有表现出来。帽子经受住了考验——库克先生反复进行了测试，帽子始终保持着圆形、圆顶，没有发生变形。帽子没问题"。

洛克用定制者的名字为帽子命名，称之为"库克"帽。但我猜想，名称的最终确定与帽子的形状有着莫大关系。实际上，洛克是在改进比利科克

▲〔66〕戴圆顶硬呢帽的工头，1937

帽、圆顶高礼帽及萨尼特帽等已有帽型的基础上发明了它。名为"欺凌者"的黑帮就戴这种被称作"比利科克"的宽边低顶毡帽，威廉·科克（William Cock）为康沃尔矿工制作的工作帽也是相同样式。乔治·摩尔小说《埃丝特·沃特斯》中的一个角色就"戴着高礼帽，不伦不类的"。工人和工头的帽子被称为"高顶礼帽"，但由于它的帽冠呈圆顶状，所以叫它圆顶高礼帽也许更合适。在《埃丝特·沃特斯》中，德比日结束后，"一些健壮的家伙就地躺下睡着了……将圆顶高礼帽盖在脸上"——如果是高礼帽，恐怕就不会是这种情景。

　　库克认为猎场看守员的新帽子是"没问题的"，后来的事实表明它确实非常出色，不仅满足了猎场看守工作的需求，也得到其他很多人的青睐，上自王室子弟，下至出租车司机、街头小贩、银行职员、工头、店员和女骑手等平民百姓。圆顶硬呢帽风行多个大洲，在美国被叫作"德比帽"，在法国被叫作"甜瓜帽"，在日本的和服中也有作用。但在获得越来越多喜爱的同时，其负面特征也开始逐渐显现——它的穿戴者中有王室成员、政治家和金融家，但也包括独裁者、暴徒、黑心资本家及一些漫画中的讽刺对象。圆顶硬呢帽的外形虽简单，实际上却包含着大量的微妙之处，因而传递的内涵也极为丰富。

　　米兰·昆德拉（Milan Kundera）的小说《不能承受的生命之轻》（1984）中，萨宾娜在逃离时随身带了一顶圆顶硬呢帽。"它一次又一次地重现，每次都带来不同的含义，所有的意义流经这顶礼帽，就如河水流过河床"；帽子让她回想起与弗兰兹的爱情游戏，也让她怀念"生活在没有飞机和汽车的年代"的父亲和祖父。圆顶硬呢帽是一种表象，却连接起了种种差异。萨宾娜在穿内衣时戴着它，在获得新意义时，所有过往的意义也"将会与新的意义共鸣"，过往与现在，庄重与虚无。昆德拉创造的形象是对圆顶硬呢帽丰富自我矛盾的总结——变与定、轻与重。

大人物和小人物

圆顶硬呢帽诞生至今，已经从英国狩猎场看守员的半封建标志，跃身成为当今中产阶级商业和金融的全球象征（对它最具共识性的认识），这种变化是如何演进的？弗雷德·罗宾逊（Fred Robinson）在他对圆顶硬呢帽的研究中提出："我很清楚，追溯这一象征意义的由来，是我开展现代生活研究的途径。"圆顶硬呢帽与现代西装有些相似，后者从乡村日常着装发展而来，前者也在被越来越高的社会阶层所接受，进入城市。其实它很快得到各个阶层的普遍认可，也开始出现在社会中下层的着装当中。圆顶硬呢帽是矿工和猎场看守员的工作帽，同时也承载着贵族的气质和内涵。1878 年《帽匠报》刊登了一篇文章："如果愿意的话，手工业者和体力劳动者也可以戴便帽或者圆顶高礼帽……我们可以在任何时候换上舒适的低冠帽……我们理想中的帽子其实和猎人的黑色天鹅绒便帽很像，椭圆形顶部……不会轻易脱落……能够体现贵族的气质。"圆顶硬呢帽虽然已经成为权力的象征，也不乏来自王室的穿戴者，却始终未能像高顶礼帽那样成为"人上人"的象征。人们从未忘记圆顶硬呢帽的出身，它很快沦为音乐厅、马戏团和电影中的道具。

19 世纪末，英国人开始讨厌高顶礼帽。《帽匠报》没有表现出明确的立场。他们一方面报道人们对高顶礼帽的不满，认为它"夏天戴着很热，冬天不保暖……你也无法在火车车厢里穿戴；在客厅里也总是碍事……你摔倒时它也无法保护你的头部……如果是好的，肯定会被别人拿走；如果是坏的，会让你看上去像个骗子"。但同时报纸又认为，高顶礼帽仍然是"男士服装中最具绅士风范的单品"。一个月后，他们仍在批评圆顶硬呢帽，说它"放浪不羁……和打趣、拳击及年轻流氓的恶作剧有着千丝万缕的联系"，但同时却发布照片，展示了五顶精致的圆顶硬呢帽。

19 世纪晚期，不断进取的中产阶级成为欧洲的主导，而圆顶硬呢帽则是他们的特征标识之———新潮，彰显绅士气质的同时又保持了同工人的联系。正如迈克尔·卡特指出的那样："男帽样式的简化和统一甚是关键，因为这体现了许多与资产阶级男性新工作形式相匹配的积极意义。"通勤的重要性愈发凸显，无论是在火车、电车、公共汽车或者是新出现的地铁中，轻盈坚固的圆顶硬呢帽似乎更具运动血统，比高顶礼帽更便于活动。戴高顶礼帽会给你的行动带来诸多限制——就像中国的缠足一样，规范行为举止本来就是高顶礼帽的作用之一。然而，随着头部尺寸量具的应用，圆顶硬呢帽可以紧贴头部轮廓，不再是空架在头顶。新兴阶级非常看重稳定和秩序，圆顶硬呢帽轻盈而现代，帽子坚实的样式充满男子气概，新颖又不显怪异。如罗宾逊所说，贵族"在外在形象上所遭受的打压，远甚于对他们地位的颠覆"。

到了 1880 年，随着机器生产的进一步发展，帽子价格降低，更多的人具备了购买圆顶硬呢帽的消费能力，零售业的变革也加速了它的流行。1878年的《帽匠报》中指出，伦敦城外的城镇中并不存在"真正的制帽人"。男士服装店的备货并非全部出自洛克帽行，也有部分自远方引进，不过帽子并没有很大差异。然而，帽子的普遍流行引起了人们对无差别着装的恐惧——同样戴着圆顶硬呢帽，有些人是城市里的银行家，另一些则是郊区的无名小辈。在罗伯特·C. 谢里夫（R. C. Sheriff）的小说《九月的两星期》（1931）中，生活在城市中的职员史蒂文斯先生要外出度假，（戴上便帽）出发时却开始感到不安，一位邻居与他一道前往车站："这个普通人有什么资格？戴着赛璐珞【编者注：塑料的旧称】衣领和圆顶硬呢帽……就可以混迹于他们中间吗？他是要去伦敦，去一家事务所。"虽然只是两周时间而已，但史蒂文斯先生已经迫不及待地摘下头上的圆顶硬呢帽。

如果说女帽之于德加，就如睡莲之于克劳德·莫奈（Claude Monet），

▲〔67〕乔治·修拉,《安涅尔浴场》, 1884

那么这种关系也同样适用于男帽之于乔治·修拉（Georges Seurat）。新兴城市阶层的自由时间越来越多，薪资报酬也不断提高，加之交通条件改善，他们完全有条件到巴黎郊外的河滨享受休闲时光。修拉的画作《安涅尔浴场》（1884）〔67〕可能是在嘲讽那些头戴圆顶硬呢帽的小资产阶级，他们或在河中嬉戏，或趴在岸边。画中的他们状态放松，而又不失风度，没有《大碗岛星期天的下午》中头戴高顶礼帽的那种近乎可笑的拘谨。修拉的点画技术模糊了人物的面孔；人们不禁好奇："这是在探讨去身份和无差别性吗？"修拉画中的浴者是这些娱乐活动的安静观众，并且乐在其中。他们这种宁静的稳重中和了原有的嘲讽意味——如果说戴着圆顶硬呢帽的是些小人物，那么"小人物已经登上了时代舞台，而且生活得很体面"。

　　乔治·格罗史密斯和维顿·格罗史密斯（Weedon Grossmith）两兄弟创

Lupin.

▲〔68〕卢平·普特尔，《小人物日记》，1891

作的插画小说《小人物日记》，主人公普特尔先生是一位小职员，常穿着长礼服、戴高顶礼帽，在 19 世纪 90 年代的伦敦郊区已经略显落伍。他那莽撞的儿子卢平从职员岗位离职后买了一顶崭新的圆顶硬呢帽庆祝。后来卢平与三先令帽店的莫里·波什有些交往，后者在纽约、悉尼和墨尔本都开设了门店。后来卢平在一家"前景光明的公司"获得了一份工作，决心大展拳脚，成就一番事业。整日穿戴夹克和时尚圆顶硬呢帽的他，觉得父母让他难堪，对他们颇为冷落〔68〕。弗雷德里克·威利斯应该会认同卢平的帽子是"时尚"的——但太过时尚了。圆顶硬呢帽是新兴商业阶级身份的标志，但卢平是个"浪子"——自大而时尚，他的圆顶硬呢帽失去了那份厚重，预示着他未来无法获得成功。

民族主义和战争

在新世纪早期，圆顶硬呢帽便从城市着装中消失，转而进入时装界。讨论娱乐界的帽子时我会提到它的作用。尽管如此，商人戴圆顶硬呢帽的风尚在欧美依旧兴盛，热度丝毫不亚于工业世界的领导者——英国。19 世纪 60 年代，日本发现西化不应该局限在工商业，向西方世界打开市场的同时，国民形象也应当西化。日本女人穿起了束腰胸衣，男士们觉得长礼服和裤子过于奇怪，却并不抗拒在穿和服时搭配一顶时尚的圆顶硬呢帽。

斯蒂芬·桑德海姆（Steven Sondheim）的音乐剧《太平洋序曲》（1976）就是基于 19 世纪 60 年代日本向西方开放的背景创作的，一位胸怀壮志的日本年轻人用一首《圆顶硬呢帽》表达了对西化的担忧。豪宅、美酒、雨伞架和戴着圆顶硬呢帽的自己，种种形象在脑海中不断闪现，深思熟虑后他得出结论——必须"顺应时代"。在 19 世纪 60 年代的日本，人们并不在意西方人是如何看待和理解圆顶硬呢帽的。整件事令人困惑，但是接受戴圆顶硬呢帽无疑体现了对扩张主义时代的"顺应"〔69〕。

圆顶硬呢帽看起来像是头盔，这多少令人有些不安。一战头盔的出现令它的穿戴规范变得更加复杂，还有战后洪堡帽和特里尔比软毡帽等新款帽子的冲击，但圆顶硬呢帽依然受到人们喜爱；它是高顶礼帽之后最为考究的帽子——不仅是得体的日常穿着，更成为典型英式风格的象征。西奥多·德莱塞（Theodore Dreiser）的小说《美国悲剧》（1925）中，主人公认为，如果一个人"头戴着黑色德比帽，还将帽子拉低遮住眼睛……（那应该是）位英国公爵之类的大人物"。

在戴维·赫伯特·劳伦斯（D. H. Lawrence）的小说《恋爱中的女人》中，葛珍问道："谁会把政治色彩浓厚的英格兰看得这么重？比起关心圆顶硬呢帽，谁会多关心一点我们的国家意识？……都是一些老帽子！"她与实业家杰拉德·克里奇（当然是戴圆顶硬呢帽的那类人）有一段韵事，同时又被德国艺术家洛尔克所吸引，洛尔克对金钱、杰拉德和圆顶硬呢帽都不屑一顾："金钱的存在就是为人服务……杰拉德会给你很多钱……我根本不需要戴帽子，只是图方便罢了。"

洛克尔的蔑视表达了看似进步的态度，但实则预示着德国知识分子对魏玛共和国的妖魔化。在德国，圆顶硬呢帽建立起了同英国重商主义的联系，这种联系令人不安，其简单的线条和实用性实则契合了包豪斯理念。然而，在动荡的魏玛共和国时期，它成为资本主义腐败的象征。在埃里希·卡斯特纳（Erich Kästner）1929 年的儿童故事《埃米尔和侦探们》中，恶棍商人戴着圆顶硬呢帽——既滑稽，又透露着邪恶。非常小的调整就会带来形象上的巨大差异，人们通常会把控制德国金融和零售领域的犹太人的形象描绘成戴圆顶硬呢帽的商人。随着魏玛共和国的解体，反资本主义很容易就会演变成反犹太主义。在纳粹德国，圆顶硬呢帽消失了；与帽子和犹太商人有关

▲〔69〕圆顶硬呢帽与日本男青年，约 1890

的一切都遭到诋毁。反犹儿童书籍《毒蘑菇》（1938）的插图中，刻画了头戴圆顶硬呢帽的怪物形象，其可怕程度恐怕连格林兄弟都无法想象〔70〕。

　　圆顶硬呢帽并没有变得更加"沉重"。恰恰相反，从金融行业中解放出来后它变得更加"轻快"。轻快在军事方面算不上优点，但每年5月，皇家卫队的现役和退役军官都会穿戴西装和圆顶硬呢帽，手持雨伞在伦敦的海德公园参加纪念游行〔71〕。初夏的伦敦，草木间都洋溢着一种欢快的节日气息，这很大程度上归功于圆顶硬呢帽的涌现——观众必然好奇为什么会有这么多的商人，年老年少，面带微笑，排着严整的队列进行游行。一名前皇家卫队军官解释说："按照规定，不当值的军官在伦敦城内必须戴圆顶硬呢帽、持雨伞。这一传统一直备受推崇。有一次我驾驶着敞篷车进入伦敦，在到达南肯辛顿时，我摘下特里尔比软毡帽，换上了圆顶硬呢帽。""伦敦套装"至今仍然是纪念游行的传统服饰。

　　"伦敦套装"是统一的，却不是制服，它们是"不当值"时的"规定"着装。这些头戴圆顶硬呢帽的男人既非身处战场，也非商人。正如昆德拉所说，圆顶硬呢帽以往的所有含义都"与新的意义共鸣"。这些人通过游行纪念那些（戴着头盔）死去的人，（戴圆顶硬呢帽的）这些人可能是当时的幸存者，这算是一种沉重的共鸣。但是，数百名男性头戴圆顶硬呢帽／头盔，手持运动雨伞／步枪，两种场景似乎在眼前的仪式中被合二为一，这种精心编排的景象着实会令人感到享受。各种元素并存，既非模仿，也无矛盾；意义之于这种圆顶礼帽，"就如河水流过河床"。

舞台和荧幕

　　在美国电影发展初期，圆顶硬呢帽在娱乐领域的作用得到进一步拓展。卓别林把它作为重要演出道具，"男孩们"【编者注：好莱坞笑星斯坦·劳

▲〔70〕《毒蘑菇》中的插图，尤利乌斯·施特赖歇尔（Julius Streicher），柏林，1938

▲〔71〕王家卫队，2014

莱（Stan Laurel）和奥列佛·哈台（Oliver Hardy）组成的喜剧二人组】的
头上也有它的身影〔72〕。卓别林的帽子代表着角色不屈不挠的人物性格，
（帽子）无论经受了什么总会回到原位。对劳莱和哈台而言，头顶的帽子是
他们声望的招牌，他们竭尽全力保全却往往适得其反。两人戴着圆顶硬呢
帽搬钢琴、粉刷房间，简直糟糕透顶。他们毫无尊严，他们的梦想毫无实现
的希望，但他们坚信圆顶硬呢帽的力量。在两人合作的第一部电影《致敬》
（1927）的尾声，劳莱和哈台坐在一堆圆顶硬呢帽中间挑选那些被压变形的。
近一个世纪后，在一部犯罪小说中，沮丧的探员"模仿了斯坦·劳莱的经典
动作——将帽子拍在胸口，神情悲喜交加"。
　　圆顶硬呢帽即使被压平也仍能够辨识，但帽子所承载的含义却开始模糊，

▲〔72〕劳莱和哈台，约 1940

不再单一。在劳莱和哈台头上，它可能是"美国将会取得成功"的一种象征。而在同一时期的英国，圆顶硬呢帽的地位却惨遭打击，原因在于北方工人出身的艺人乔治·福姆比（George Formby）下流的歌唱表演，他的表演具有久远的、典型的英式魅力。福姆比头戴圆顶硬呢帽，但与城市商人不同的是，他戏谑地将帽子扣在脑后。他的歌曲《祖父给我留下的圆顶硬呢帽》不仅将帽子贬低为一种过时的旧物，而且在一些有伤风化的场合将它用作情色道具，完全剥离了圆顶硬呢帽本应体现的尊严。塞缪尔·贝克特（Samuel Beckett）1952 年的戏剧《等待戈多》中，两个流浪汉角色的圆顶硬呢帽依然不失尊严，二人的对手戏很大程度上借鉴了劳莱和哈台的表演。贝克特坚持让流浪汉戴圆顶硬呢帽，可能在他建构起的后末日世界中，他们就是化石或幸存者。

伪装

和贝克特的流浪汉一样，勒内·马格里特（René Magritte）1926 年至 1966 年所画的戴圆顶硬呢帽的普通人，似乎存在于现实之外，他们或航行到蔚蓝的天空，或进入城市街道，或凝视月亮。马格里特是超现实主义运动的一员。他在巴黎和布鲁塞尔的展览并不成功，画廊关闭后他重新回归广告工作中，整个战争期间都生活在被占领的比利时。战后他开始专注于艺术创作和纸币制作【编者注：马格里特曾靠制作假币为生】，同时一直在以戴圆顶硬呢帽的人为主题进行绘画创作。如果帽子是伪装的手法，那么马格里特隐瞒了太多。

马格里特的时尚作品属于广告界中的梦幻风格。在他的作品中，失重的男人会逃入梦境，或是别样的生活之中。在他的自画像《人类之子》（1964）中，圆顶硬呢帽下的脸部被一个苹果遮住。他认为我们所看到的一

▲〔73〕勒内·马格里特的海报,《人类之子》, 1964

切都是伪装——在苹果背后、圆顶硬呢帽的下面可能是一位金融家、受雇者、犯罪分子或者艺术家——可以是其中的任何一个，也可能都不是。然而，到了1964年，也就是创作这幅肖像的那一年，圆顶硬呢帽已不再是日常穿着。弗雷德·罗宾逊说，如果没有"现代的能量"，它早已成为"代表过去的标志，几乎只会用作演出服"。马格里特创作戴圆顶硬呢帽的男人，是带有讽刺意味的，现在这些作品得到广泛认可并被不断复制〔73〕，它们无视定义，在文化记忆中加入了帽子的其他意义。

马格里特的标题并非事后添加的。《人类之子》听来有亵渎神明的意味，但如果神明以前能够以木匠身份进入人们的生活，那么为什么不能是一位20世纪60年代的商人呢？马格里特希望他的艺术能够让人们意识到生命的神秘，这是一种不可探知的存在："对我来说艺术本身并不是目的，而是一种唤起人们意识的手段。""这不是一个烟斗"，他在一幅烟斗的画作上这样写道。他可能还会说，"这些不是商人"。画面不应该按表象去解读，而应该进行二度解读。

"疯狂的年轻流氓恶作剧"

1950年10月，英国举办了一场"圆顶硬呢帽周"活动，庆祝这种帽子诞生100周年，并以此提振帽子的销售，但活动并不成功。20世纪50年代末的街头时尚更青睐爱德华时代的风格；当穿着条纹西装马甲的传统爵士单簧管演奏家阿克·比尔克（Acker Bilk）从钢琴盖上拿起圆顶硬呢帽，1962年的观众便知道他要演奏那曲最受欢迎的《岸边的陌生人》。"泰迪男孩"是20世纪60年代城市青年中盛行的一种亚文化——年轻人穿锥形裤，戴圆顶硬呢帽，他们蔑视并戏仿爱德华时代的着装风格，尤其是服饰中体现的精英意味。圆顶硬呢帽象征着金钱、权力和娱乐；为了颠覆它的这一形象，这些年轻人借助一些轻微的犯罪行为，在嘲弄中加入了威胁。1878 年的《帽匠报》指出，圆顶硬呢帽与"疯狂的年轻流氓恶作剧"的联系似乎突兀，但又恰到好处。心怀不满的年轻人对社会的威胁，恰恰构成了反乌托邦小说《发条橙》的主题，它由安东尼·伯吉斯（Anthony Burgess）于 1963 年出版，并在 1971 年被斯坦利·库布里克翻拍成电影。四个少年组成的流氓团伙以可怕的暴力行为取乐。他们戴着黑色帽子——巴斯克贝雷帽、旧海狸帽，头领亚历克斯戴的是劳莱、哈台同款的高冠圆顶硬呢帽。那顶帽子的上一位主人是位时尚的领班。滑稽风格进一步烘托了恐怖气氛，这部电影在美国被评定为限制级，在英国更引发了巨大的争议，库布里克不得不取消电影的公映。直到 1999 年他本人去世以后，电影才得以同观众见面。即便是这样，头戴圆顶硬呢帽的亚历克斯仍立刻进入了人们的文化意识中，并被保存下

▲〔74〕《发条橙》中马尔科姆·麦克道威尔（Malcolm McDowell）饰演的亚历克斯，1971

来〔74〕。

　　库布里克拍摄这部电影时，正值欧美学生骚乱和无政府主义团体暴力盛行。行为规范失去权威性，帽子也开始逐渐消失——很难说两者之间没有关联。接下来的几年间，圆顶硬呢帽在伦敦依然存在，并逐渐在表演行业中找到了自己的位置。20 世纪六七十年代，在英国观众喜闻乐见的反主流讽刺作品中，圆顶硬呢帽一直都是被戏谑讽刺的阶级象征。帕特里克·麦克尼（Patrick McNee）在英国广播公司搞笑惊悚剧《复仇者》（1961—1969）中饰演绅士男主角斯蒂德。对他来说，圆顶硬呢帽是喜剧道具。这部剧充满未来主义元素，我们可以认为斯蒂德无可挑剔的英国绅士形象是一种夸张，这种夸张的副作用就是詹姆斯·邦德出场时总显得着装不够考究。此时就要求我们对圆顶硬呢帽进行二度解读，品味其中的讽刺意味。斯蒂德是一名高效的侦探，但观众明白这其实是在嘲笑墨守成规的英国侦探。1970 年，英国广播公司推出"巨蟒剧团之飞翔的马戏团"系列剧，约翰·克里斯（John Cleese）在其中一幕里头戴圆顶硬呢帽、手持雨伞，生动演绎了一位疯狂官僚，也因此彻底终结了圆顶硬呢帽作为日常头饰的生涯。圆顶硬呢帽自此变成演出服装，戴着它去工作会显得古怪。1986 年，伦敦劳埃德大厦落成仪式上（人们头戴）圆顶硬呢帽，是在向过往致敬。

　　圆顶硬呢帽的分裂性挽救了它，当它无法继续作为社会和职业地位的标志时，音乐和电影世界的大门敞开了。弗兰克·扎帕（Frank Zappa）为它的嬉笑气质所吸引；"蝙蝠侠"系列的谜语人也有一顶恶心的绿色圆顶硬呢帽；麦当娜（Madonna）喜欢斯泰森帽，而迈克尔·杰克逊（Micheal Jackson）则钟情圆顶硬呢帽。2014 年，英国歌手乔治男孩（Boy George）戴了一顶漂亮的灰色圆顶硬呢帽——帽子太漂亮了，你根本无法把它当作玩笑。

牧羊女帽

亚洲，托斯卡纳，或者哈特菲尔德？

和圆顶硬呢帽一样，牧羊女帽也是一种基本帽形——帽冠较浅，饰有花朵或丝带的圆形宽檐草帽。与圆顶硬呢帽不同，它首次出现的情况我们不得而知；它似乎一直存在，最初时男女都可以戴。顾名思义，牧羊女帽与圆顶硬呢帽一样，曾具备实际用途；但优质意大利麦秸编织的来亨草帽也不失为上好的时尚单品。这种双重定位仍持续着。在皮萨内洛（Pisanello）的画作《圣母玛利亚向圣安东尼和圣乔治显像》（1445）中，圣乔治戴着硕大的宽边托斯卡纳草帽，这就属于高端时尚，而非圣乔治在扮演农民。

《帽匠报》援引奥尔德米克森（Oldmixon）1724年的《英国史》，认为"安妮女王王宫中的美人都戴着硕大的宽边草帽"；佩皮斯夫人（Mrs. Pepys）17世纪60年代在伦敦近郊哈特菲尔德农村购买的粗草帽不太可能是宫廷着装。《帽匠报》的可靠性有待考证，但它的评论都很有趣。同样有趣的是，各家博物馆的藏品中，使用上好亚洲草料编织的英国草帽不低于五顶。这一时期，欧洲与亚洲的贸易不断增长，而在英国，越来越多奉行消费主义的时尚达人们开始享受来自异域的茶、瓷器和丝绸，现在看来，当时的消费品中也包括帽子。

在美国弗吉尼亚州的殖民地威廉斯堡博物馆内，陈列着一件有着亚洲血统的英格兰宽檐帽，帽子的年代在1700年前后，由草秆和竹篾编织而成，其连贯的椭圆图案设计错综复杂，在当时想必是一件非常理想的配饰[75]。纽约收藏的另一顶亚洲帽子藏品还配有漆盒。远东陶瓷经常被存放在有艺术家签名的盒子里，如果盒子丢了，瓷器的价值也将大打折扣。这种做法可能也扩展到了其他制作精细的物件上。维多利亚和阿尔伯特博物馆收藏了一顶1700年的草帽，帽子应该来自印度，帽冠很小，帽檐一直向后延伸，

► 〔75〕牧羊女帽，美国，
约 1700

▲ 〔76〕牧羊女帽，英国，约 1700，
亚洲制造

► 〔77〕牧羊女帽，印花棉布衬里，约 1710

直至搭到肩上〔76〕。后斯图尔特时期的发型通常都是盘发高耸在前额，这样的帽子要戴在头部后方，并想办法固定在头发上。

牧羊女

来亨草帽穿戴灵活，而且具有较强的可塑性。与亚洲镂空帽不同，人们可以根据自己的喜好修整帽子，比如加衬里、装饰和弯折。如果时装能够将穿戴者带入想象中的世界，它便具有了非凡的魅力。从 17 世纪中叶开始，肖像画家就会用田园幻想来美化他们作画的对象。宗教艺术中捐赠者可以和圣徒一起跻身于圣母身旁，此时的宫廷美女们同样可以以乡村女神的身份漫步在阿卡迪亚（西方神话传说中的世外桃源）。

阿卡迪亚是富有魅力的，但上流社会的女性并不愿意放弃表明自己社会地位的机会。彼得·莱利（Peter Lely）爵士描绘了王政复辟时期的宫廷美女，例如"牧羊女"风格的贝拉西斯夫人（1655），画中出现了羊和弯卷的配饰，但华丽的服饰彰显了人物的身份。贝拉西斯夫人的丝绸衬里帽和一顶私人收藏的 1710 年前后的来亨牧羊女帽〔77〕很相似——宽帽檐做衬里的布料是粉色印度印花棉布，这才是戴帽人想要展示的重点。然而，在约瑟夫·海默尔 1730 年的肖像画〔78〕中，女演员佩格·沃芬顿（Peg Woffington）头戴一顶娇小的牧羊女帽，帽子用玫瑰和缎带装饰，俏皮地搭在一侧的发辫上，画作对阿卡迪亚持一种保留态度，暗示着牧羊女形象的平民化。殖民地威廉斯堡博物馆收藏有一幅伊芙琳·伯德（Evelyn Bird）〔79〕的画像。这位年轻的美国人在英国接受教育，1726 年返回美国。在她离开前，一位不知名的艺术家为她画了一幅肖像，画中的她是牧羊女的样子，手拿曲柄杖，花朵装饰的宽边草帽放在腿上——这也许才是安妮女王的宫廷时尚。这些"牧羊女"在餐桌以外恐怕与绵羊鲜有接触，但她们愿意相信，戴上牧羊女帽就等同住进了阿卡迪亚。

　　根据《帽匠报》的说法，如果抛开安妮女王的帽子不论，直到18世纪，"简约风格的乡村女帽才成为时尚"，这里指的就是牧羊女帽得名"帕梅拉"以后的迅速蹿红。"帕梅拉"是塞缪尔·理查逊1740年畅销小说中女主人公的名字。女仆帕梅拉计划逃离雇主的压迫，出逃前挑选了一身衣服——"自家纺制的衣物……（和）饰有绿色丝带的小草帽"。海默尔借着这部流行小说的热度，在1744年创作了十二幅画作，以丝绸裙子和棉布围裙来表现"乡村简约"风格；蓝色丝带装饰的漂亮草帽〔40〕可以理解为卑微出身的标记，也可以说是跻身上流社会的先兆。"帕梅拉"帽的盛行可以看作是对帕梅拉其人得体朴素的良好品位的认同。帕梅拉的美好德行最终获得报偿，收获了成功的婚姻，也因此受到心怀理想的中产阶级们的关注。人们一直认为这部小说创造了时尚，但实际上它只是捧红了一款已经存在的帽子——一定程度上体现了服饰中的"上流"现象。

　　受这次潮流的影响，出现了众多头戴甜美简朴帽子的女士们的肖像。最著名的可能要属托马斯·庚斯博罗1748年为安德鲁斯先生和夫人所作的肖像〔80〕。两人坐在麦田里，安德鲁斯夫人那顶用缎带随意装饰的帽子轻微磨损，透出朴素自然的田园风，令蓬起的裙子和高跟鞋显得有些违和。这样的形象似乎不应该出现在如此逼真的萨福克田野间。画家为了本土现实放弃了阿卡迪亚、羊羔和曲柄杖；缎带取代了花朵，但帽子下面的人对"牧羊女"依旧心生向往。

　　这种风格的帽子拥有很多名称，比如"挤奶女工""吉卜赛""帕梅拉"，都让人联想到它的乡村血统。约翰·斯泰尔斯和艾琳·里贝罗指出，英国没有真正的农民阶级，所以很难通过着装来区分城市女性和乡村女性。斯泰尔斯认为，到了18世纪，"即使是英国平民，也能够接触到前人未曾享受到的

▲〔78〕约瑟夫·海默尔,《佩格·沃芬顿》,约 1730

▲〔79〕《伊芙琳·伯德》，约 1725，美国

▲〔80〕托马斯·庚斯博罗（Thomas Gainsborough），《安德鲁斯夫妇》，1748

新材料"；时尚并不局限于上层阶级，也扩展到"社会等级另一端的劳动群体"。1750 年，一位旅居英国的法国人写道："最贫穷的乡村女孩也有茶可喝，还有自己的印花棉布裙装上衣和草帽。"

劳动人群穿戴的衣帽都可以作为工作服。巴尔萨扎·诺邦特（Balthazar Nebot）以 1730 年的伦敦为背景创作了《齐普赛街上卖奶制品的人》，画中主体人物头上的硕大牧羊女帽就是她的工作帽〔81〕。她把帽子戴在一条厚实的围巾上，可以帮助头部承受重压，将桶顶在头顶时也不用担心液体溅出；扁平的帽冠和翘起的帽檐都十分实用，如果将边缘展平，再加一条缎带，就变成了城市服饰。正如艾琳·里贝罗指出的那样，与她那些邋遢的顾客不同，"她衣着洁净、端庄且时尚，看得出是一位自尊自爱的女工"。

贵妇、挤奶女工或者轻佻女郎

诺邦特画笔下的挤奶工和她们的帽子看起来非常写实，而弗朗西斯·海曼（Francis Hayman）的作品《挤奶女工的劳动节》（1741）中，挤奶女工戴的牧羊女帽便精致得有失真实了。海曼选用与他的画作契合的田园风格，对伦敦沃克斯豪尔花园进行装饰。花园为所有家庭提供绿地和娱乐场所，也为男女幽会提供了去处。理查逊的帕梅尔以其"美德"而闻名，但也被指责利用"美德"来俘获她的男人，海默尔为佩格·沃芬顿所作的画像也是如此，她的帽子也有挑逗的一面。和圆顶硬呢帽一样，牧羊女帽传递的信息也是含混不清的——可以是女工的工作帽，伯爵夫人的别致来亨草帽，抑或沃芬顿这种交际花的性感配饰。在玛丽亚·埃奇沃思（Maria Edgeworth）的小说《海伦》（1834）中，愤世嫉俗的达文南女士在回忆自己的青春时光时说："非常浪漫……在设计构想上融合了牧羊女的帽子和贵妇人的配饰——在城市和乡村都很受喜爱。"

在乔舒亚·雷诺兹（Joshua Reynolds）1762年的肖像画中，有名的情妇奈莉·奥布莱恩（Nelly O'Brien）宛若一位贵妇人，怀抱着一只羊羔一样的小狗，戴一顶蓝色丝带装饰的牧羊女帽。发型决定了人们选择何种形状和尺寸的帽子，以及以什么样的方式戴帽子。18世纪中叶小巧利落的风格过后，头发越盘越高，在18世纪70年代达到了夸张的高度。另一位情妇波莉·琼斯（Polly Jones）〔82〕在1769年的肖像画中将自己的魅力展露无遗。平纹细布将她的肩部遮掩大半，她面带微笑，高耸的发髻上栖着一顶奢华的牧羊女帽，帽子上点缀着蓝色丝带。波莉的帽子尺寸更大，也更加时尚，但真正体现这些成功尤物层次的，其实是风格——帽子的佩戴方式及绘画手法。奈莉和波莉之间的高下，可能也就仅仅是谁的画师技艺更加精湛。

如果精心装饰，并且以合适的方式穿戴，挤奶女工的帽子也能成为时尚单品。优质的草帽在远观时和来亨草帽高度相似，就如同卢平·普特尔的圆顶硬呢帽与洛克生产的帽子之间并没有明显不同。当然，这也会和圆顶硬呢帽一样，给人们带来无法区分差别的困扰。例如，玛丽·安托瓦内特这样的上流女性可能会装扮成挤奶女工，却不可能真的戴一顶挤奶女工的帽子。挤奶女工也不应该戴一顶淑女的帽子，因为这是有风险的。斯泰尔斯明确指

▲〔81〕巴尔萨扎·诺邦特，《齐普赛街上卖奶制品的人》，约 1750

出，对于工人而言，时尚是有门槛的，只会属于那些愿意为帽子花钱的人——根据他的记录，仆人们在一顶帽子上的花费会超过 5 先令（约合今 50 英镑）。对那些盲目模仿上层人士的自大仆人的讽刺，反映的是中产阶级的恐惧。巨大的牧羊女帽是约翰·科莱（John Collet）作品《楼梯下的上流生活》（1763）中的关键〔83〕。一位穿着丝绸裙子的女士为头发搽粉，桌面大小

▲〔82〕凯瑟琳·里德（Katherine Read），《波莉·琼斯》，1769

▲〔83〕约翰·科莱,《楼梯下的上流生活》, 1763

的帽子被缎子和穗带所包裹,帽冠周围装饰着蓝色缎带,后墙上还挂着一顶闲置的普通草帽。画家生怕我们没有领会重点,还在小女孩正在装扮的娃娃下垫了一本《帕梅拉》。

发展与衰退

18 世纪五六十年代,牧羊女帽处于鼎盛时期——尺寸和装饰都较为合理,并继续保持着同乡村牧羊女帽的联系。然而,人们寻求区分上流社会牧羊女帽和普通草帽方法的脚步并未停歇。用于制作女式草帽的材料有很多:谷物秸秆,当然还有精美的来亨麦秸,来自南美洲的马毛、柳叶、酒椰纤维、纸、麻布料、丝绸、棉花、棕榈,以及来自东方的苎麻秆。维多利亚和阿尔伯特博物馆收藏着一顶 1750 年用亚麻和丝绸制作的牧羊女帽,表层覆盖着细小的彩色羽毛。如博物馆所说，这顶帽子体现了"18世纪的一种趋势，即对社会下层的传统服饰进行时尚化改造"——太过精致的衣帽无法用来工作。

另一种策略就是让帽子更"难戴"——大尺寸、大角度倾斜或是过度的装饰——正是这些特点最终令帽子走向了庸俗化。这样一来，科莱笔下的女仆便无法在工作时戴帽子，即使戴了也会显得很傻。女帽通常与女性的轻浮联系在一起，甚至还更糟糕——波莉·琼斯戴帽的戏谑角度预示着牧羊女帽将从"美德"走向"邪恶"。发型走向浮夸的道路上，帽子如影随形。在托马斯·罗兰森（Thomas Rowlandson）18世纪晚期关于沃克斯豪尔花园的版画中，女孩们进行交易时就穿着短裙，顶着蓬松的头发，戴着硕大的牧羊女帽。帽子的声誉已经濒临破产。

革命和帽子

在凡尔赛宫的小特里亚农宫，玛丽·安托瓦内特有时会扮作挤奶女工，这表明革命之前的法国已经开始接受英国乡村风格。罗斯·贝尔坦是玛丽王后的服装设计师，她的设计让巴黎成为18世纪80年代欧洲的时尚中心。随着对贵族铺张的忧虑不断加深，这种情况得到了一些缓和。1782年的自画像〔84〕中，伊丽莎白·维基-勒布伦着装朴素，预示简洁风格的春天即将到来——质朴的草帽顶在未经粉饰的卷发上，野花的装饰让人想起早期的牧羊女帽。在勒布伦夫人于1783年所作的玛丽·安托瓦内特画像中，王后身着白色平纹细布的衣服，头戴简单的来亨草帽。画作之不庄重，简直令人震惊，因而不得不被撤下，但这种形象却很快流行起来，尽管持续时间不长。革命颠覆了时尚。大革命爆发以后，任何风格华丽或与宫廷生活相关的事物——丝绸、天鹅绒、蕾丝、三角帽，甚至牧羊女帽——都可能招致危险。

▲〔84〕伊丽莎白·维基－勒布伦（Elisabeth Vigée-Lebrun），《戴草帽的自画像》，1782

硕大的帽子自此销声匿迹，然而草帽毕竟已经平民化，因而得以幸存。在勒布伦夫人 1797 年所作的肖像中，伊琳娜·沃伦索娃（Irina Vorontsova）的小牧羊女帽清纯而别致，帽身上的装饰歌颂了大革命。帽子戴在头顶后部，帽带系在下巴下，为系带软帽款式的到来埋下了伏笔。

多丽·瓦登帽

大革命和拿破仑战争后，社会动荡，人们对时尚态度发生根本改变——开始钟情于"古典"风格。帽子的重要性被削弱，女性开始剪短发或是戴上短款假发，帽子也开始致力于塑造古典造型。然而，如哈代小说中的女孩所说，人们有时还是会需要"绚丽的头饰"。因此，牧羊女帽在 19 世纪 70 年代再次借助小说作为时装回归，即查尔斯·狄更斯小说《巴纳比·拉奇》（1841）中人物多丽·瓦登的帽子。狄更斯的小说以连载的形式出现，作品中常用奇装异服来强化人们对人物的记忆。多丽是锁匠的女儿，她借助一顶"装饰着樱桃色丝带的小巧草帽"名传后世，那是"最引人邪念、挑逗人心的头饰，也正显示了女帽商的叵测居心"。小说的背景设置在 18 世纪 80 年代，所以狄更斯描述的应该是波莉·琼斯同款的牧羊女帽，这种款式几经演变后，被赋予了新的名字——"多丽·瓦登"。

到了 1850 年，狄更斯的许多小说都被搬上了舞台。狄更斯 1870 年去世后，改编他作品的势头更是有增无减，并因此引发了对"多丽·瓦登"的狂热。伦敦皇家剧院 1870 年制作了娱乐剧《多丽·瓦登波尔卡》。1872 年，在美国，有人特意为她的帽子创作了一首歌："你有没有见过我的女孩？她不戴系带软帽 / 她有一顶奇怪的绚丽帽 / 上面装饰着樱桃色丝带。"歌曲中暗示了多丽是位卖弄风情的姑娘，19 世纪 70 年代的"多丽·瓦登"的确是这样一种风格，短裙、巨大的裙撑搭配掩住眼睛的帽子，风情万种。

在坎宁顿的描述中，"70年代早期的多丽·瓦登帽，或者叫牧羊女帽，是一种帽冠很小的来亨草帽，帽檐宽大柔软，戴在头顶时明显向前倾斜。帽冠周圈围着丝带，有时还会配上飘带"。他们会说"那些最优秀的人"不会戴这种帽子。然而，1872年3月，罗德与泰勒（Lord & Tylor）商店的多丽·瓦登帽推出后大受欢迎，"帽子用白色草辫编成，帽饰选用的是淡黄色丝带和胭脂色玫瑰，帽檐上卷，透出无尽风情"。但在《纽约时报》4月组织的一次访谈中，一个名叫"玛丽"的人提醒一位朋友，多丽·瓦登帽"可能会烂大街。不出10天，给你两顶系带软帽，一顶来自格兰街，一顶来自百老汇，你根本就看不出区别"。而在英国，伊丽莎·琳恩·林顿（Eliza Lynn Linton）的反女权主义文章《那个时期的女孩》于1868年发表以后，多丽·瓦登帽便成为这位轻佻的抽烟妇人的标志，也成为讽刺漫画的众矢之的〔146〕。帽子一旦进入讽刺漫画就命不久矣，1872年11月，一本美国期刊宣布多丽·瓦登的"死亡"："所有昔日的拥趸都抛弃了她。"

19世纪70年代，英国的帽子风格突变，吉卜赛和帕梅拉帽开始向乡村和海边发展。在特罗洛普的小说《首相》（1875）中，格伦科拉夫人在伦敦社交季感叹道，她愿"不惜一切换一个去曼钦的机会，只带上孩子，戴着草帽，穿着平纹细布裙子四处走走"——这种言不由衷的对"平淡生活"的向往，将我们重新带回到庚斯博罗画笔下的安德鲁斯太太身边。

乡村和海洋的空气净化了牧羊女帽的形象，但到了19世纪80年代，它已然不再是高端时装。伊迪丝·华顿小说《纯真年代》的背景设置在19世纪70年代的美国。小说中，曼森侯爵夫人流连在纽波特的海滨度假胜地，"戴着松软的来亨草帽，花枝招展"。在安东尼·特罗洛普1883年的小说中，古怪的多萝西·格雷喜欢乡村多过城市，而且不愿意结婚。"为求稳妥，她将自己的帽子称为系带软帽，这顶帽子令她看起来与众不同……它通体使用黑色麦秸编制，呈圆形……用宽大的棕色丝带系住。"她有"两三顶这样的帽子……在伦敦她也会毫无顾忌地戴着它们，同在乡村周边居住时没什么区别"，这一定程度上导致了她婚姻的不顺利。帕梅拉的"美德"和多丽·瓦登的"轻佻"就此宣告结束。

宽檐圆帽

无论从何角度来讲，19 世纪末都是女帽发展的巅峰。几乎人人戴帽子，帽子的尺寸也空前硕大。远东的出口业务对本地的草辫生产造成冲击，但随着机械化的进步，制造业蓬勃发展，卢顿和邓斯特布尔逐渐发展起来。1894 年 9 月的《帽匠报》抨击男士们 1893 年夏天的宽檐圆帽，希望"女士

▲〔85〕莫德·桑伯恩的蜜月帽子，1898

们能够接受它们……如果真能够如此，应该会很迷人"。以前没有人想过在城市中戴草帽，但是"时尚的草帽真是太棒了"，更何况夏天又如此炎热。女性戴男士的宽檐圆帽听起来不可思议，但女士确实开始接受，还用大量的动植物和羽毛对它进行装饰。阿卡迪亚就这样废弃了，牧羊人也被遗忘了。

情况也并非完全如此。两位美丽富有的年轻英国女性挑选出一些重要的帽子，既具有无可挑剔的时尚感，又能让人联想到阿卡迪亚。1898年4月，莫德·桑伯恩（Maud Sambourne）与股票经纪人莱昂纳多·梅塞尔（Leonard Messel）结婚。这次婚礼成为社会焦点，莫德的婚礼服装得到媒体的关注，备受瞩目的还有她蜜月期间戴的帽子："质朴的草帽，用紫红色的丁香枝条和淡紫色雪纺制成的帷幔精心修饰。""质朴"在这里算是含蓄的说法。粗糙的扁平粉红色草辫绕着隐藏的线框随意交织，构成了粗糙的帽坯，上面插满丁香枝条，并用雪纺缠绕做成白鸽的巢穴；这些枝条绕着帽冠曲折回环，峰回路转，又穿过帽檐贴到脸前。似乎是一位富有活力的牧羊女动用阿卡迪亚所有可用的材料制作了这顶帽子——充分体现了戴帽人的独特品位〔85〕。梅塞尔继承了尼曼斯乡间别墅后，他们按照中世纪"工艺美术品"风格对其进行了翻新，莫德别具匠心的手工帽可以视为这一风格的前奏。莫德的后人十分欣赏她的创新性和风格，这顶帽子在爱尔兰比尔城堡中被保存了下来。

希瑟·费班克和莫德·桑伯恩一样，也没有放弃田园风格。年轻富有的希瑟卓有远见地投资了极具匠心的创意服装。伦敦设计师亨利（Henry）在1909年为她设计制作了一顶黑色来亨宽檐圆帽，宽大的帽子"端坐"在头发上，帽檐上满是紫色的花朵〔86〕。帽子的形状独特，颜色低调，帽檐上石楠花幼枝排列得惊人整齐。在英文中，石楠（Heather）与希瑟是同一个

▲〔86〕亨利为希瑟·费班克（Heather Firbank）设计的帽子，1909

单词，这应该不是巧合。1920 年，她购入一顶钟形帽，这种风格与牧羊女帽完全不同，但它翘起的帽檐和小碎花图案仍会让人想起安德鲁斯太太。

　　尽管还有些许残留，但牧羊女帽实际已经是明日黄花。1931 年，在《福尔赛世家》结束时，蒙特小姐戴着"宽边草帽，帽檐一直遮到肩膀边缘"。散步时，她的外甥注意到芙蕾的脑袋"圆圆的，在小小的帽子下甚是端正"，相比之下实在是漂亮很多。战时的军事风、头巾和小"娃娃"帽子，战后克丽丝汀·迪奥（Christian Dior）的"宝塔"和艾尔莎·夏帕瑞丽（Elsa Schiaparelli）的超现实主义都没能刺激牧羊女帽的复苏。帕特里克·怀特（Patrick White）的小说《乘战车的人》（1961）描写了 20 世纪 50 年代的澳大利亚，小说中的疯小姐哈尔是一座萧条宅邸的主人。她头顶的"旧帽子比草帽还要古怪……她有时候看起来就像一朵太阳花"，而其他时间里这顶

▲〔87〕斯蒂芬·琼斯，R. H. S. 帽，2005

帽子就像是破败的旧篮子。

艾格·萨罗普20世纪60年代中期设计的牧羊女帽缺少新意。装饰物无外乎精编草辫、草甸花和麦秸，植物枝叶此时已经逐渐沦为俗套。他时常记起"一顶硕大的意大利草帽，帽子上面装饰着淡蓝色的丝带和粉色樱花，它总能让人想到那个田园世界"。20世纪60年代，帽子被当作中规中矩的象征而惨遭抛弃，"那段时光"便再难追寻。但是，在阿斯科特赛马会、花园派对和婚礼上，仍然可以看到牧羊女帽的身影。1972年的一天，我去参加一场婚礼，怀着对牧羊女挥之不去的情愫，在柔软的巴拿马帽上装饰了丝质矢车菊和天鹅绒罂粟花——而此时回想起来，这种造型并不会激起我的热情。

如今，情况大有改观。虽说萨罗普在牧羊女帽的设计上没有发挥出最佳水平，但他"帽子必须有主题"这一观点却令人信服："没有承载鲜明主题的帽子无可救药。"2005年，斯蒂芬·琼斯设计了R.H.S.帽〔87〕。镂空的椭圆形草帽浮在头顶，麦秸构成的主体上点缀着玫瑰、勿忘我和三色紫罗兰。这顶帽子和1900年的宽檐圆帽同样华丽，但是创作主旨却截然不同。R.H.S.女帽不是对传统的"无奈"致敬，而是对历史的理解和再诠释。面对这顶帽子，罗斯·贝尔坦会为之喝彩，勒布伦夫人会为它作画，莫德·梅塞尔和希瑟·费班克将会展开激烈争夺。人们会觉得，比起圆顶硬呢帽，还是牧羊女帽更能够激发创造力。

The Rival Richards

for thy better parts.
not thine. forbear.

Murder

I'll have him. but I will not
keep him long.

WHITEBRE

REAL HOME
BREW'D

Chapter VI

帽子的演艺生涯

Sheakspear in danger !

　　帽子是服装中最具表现力的部分，但日常生活中它们的影响力仍十分有限，即便拿破仑的帽子也是如此，很难像查理·卓别林的圆顶硬呢帽或者舞台音乐喜剧《风流寡妇》（1934）中的宽檐圆帽那样造成轰动效应。在舞台和银幕上，帽子象征身份，传递意义；它可以是伪装、情绪、威胁或玩笑——或者就仅仅是帽子。本章将介绍演艺界的头饰，虽然戏剧和电影有着诸多联系，但正如安妮·霍兰德所说，二者之间还是存在差异："剧院是瞬间的……每次演出都是一个新版本……而电影是长久的作品……（它）呈现的是静态画面组成的完美动作，永恒不变。"电影会被反复观看、反复解读，而舞台上的演出则稍纵即逝，只能在坊间闲谈、插图或流传下来的习惯做法中觅得痕迹。

以特里尔比软毡帽为例：这是一种普通的男士毡帽，材质低劣，名字取自乔治·杜·莫里耶（George du Maurier）戏剧《特里尔比》（1895）中的同名女主人公特里尔比·奥菲尔。她女扮男装，舞台形象是位抽烟的男士。小说里并没有特里尔比软毡帽，留下的剧照中，女演员身着军装外套、短裙，也没有戴帽子——但她肯定在某些时刻戴了帽子。借助歌曲和明信片的推动，这部戏引发了人们对特里尔比软毡帽的狂热。关于这位女演员所戴的这顶引发轰动的帽子，并没有留下相关的影像资料。但女演员这种略带颠覆性的形象无疑进入了流行文化之中。世纪之交，女权主义漫画中的角色都戴着特里尔比软毡帽。20世纪20年代到70年代，它成为大众的日常着装。帽檐斜掠过眼睛是舞台上表现伪装的惯用方式，特里尔比软毡帽成为20世纪三四十年代好莱坞侦探片中可疑人物的标准配置，奥森·威尔斯（Orson Welles）在《第三人》（1949）中扮演的阴险角色就戴着一顶。弗兰克·辛纳特拉戴特里尔比软毡帽时会倾斜一些，透出傲慢不羁的感觉。特里尔比软毡帽在20世纪60年代的帽子灭顶之灾中幸存下来，在约翰尼·德普（Johnny Depp）等一众明星的带动下，如今又重返城市街头，让人们回忆起它最初的颠覆性。

剧院和羽毛

如果要挑出一件最能提升帽子戏剧表现力的装饰物，那无疑就是羽毛。路易十四（Louis XIV）是17世纪欧洲最强大的君主，他融合迎驾剧（一种专为迎接凯旋的戏剧形式）、骑士比武和凯旋仪式中的众多元素，将其运用到凡尔赛宫盛大的歌剧、芭蕾舞剧布景之中。正如詹姆斯·拉弗（James Laver）所说："这样做是一举两得——既娱乐了朝臣，也向全世界展示了他的无上荣耀。"他戴的羽饰帽〔88〕是芭蕾舞服装的一部分，其创造灵感来

▲〔88〕身着舞会服装的路易十四，法国，1660

自 16 世纪意大利公爵节服装；类似的羽饰帽在宗教戏剧中也早有应用，意大利早期艺术作品中的三博士便戴过类似的帽子。

为什么会选中羽毛？这或许是因为舞台上着重表现权力、荣耀或恐惧，所以高度就变得尤为重要。对于观众来说，距离缩短了，但缺少人工照明，可视度便成了问题；而不同的高度恰好能够将主角和配角、国王和臣子区分开来。

▲〔89〕伊尼哥·琼斯（Inigo Jones），假面剧头饰，约 1610

古希腊的演员没有羽毛装饰，但会穿戴增高的靴子和巨大的面具，这些装束适于在静态的戏剧中使用。羽毛能够明显增加高度，因其质地轻盈，能够对肢体的每一个动作做出响应，提升了演出的力度和品位，为演员注入了超凡的魔力，这些都是戏剧体验的重要组成部分。

伊尼哥·琼斯 1600 年从意大利返回英国，为斯图亚特宫廷操刀设计假面剧，其风格有着明显的意大利痕迹。羽毛头饰是对华丽服装的润色，所有这些富有创造力的作品都是为了实现一种梦幻、壮观的效果〔89〕。到了 17 世纪 40 年代，英国内战和随后的清教徒执政终结了宫廷娱乐——剧院关闭，帽子上的羽饰也被摘除。直到 1660 年查理二世重返英国，演员和帽匠的生活才开始有起色。查理二世流亡海外时在法国宫廷生活过一段时间，在那里，戏剧是城市生活和宫廷生活中不可或缺的一部分。他授权在伦敦开放两家剧院，羽毛得以重返街头和舞台。

早期的公共剧院

现有资料中鲜有对查理二世执政前公共剧院的视觉记录，尽管已出版的戏剧插图非常精彩，对还原当时的情境多有裨益，但可信度却无法确定。一张速写画描绘了 1595 年莎士比亚戏剧《泰特斯·安德洛尼克斯》演出时的情景，画中士兵头戴羽饰头盔，塔莫拉头戴王冠，她的儿子则顶着月桂花环。令人惊讶的是，在如此简陋的记录中，帽子仍能够帮助区分角色。这让我们不禁怀疑，剧作家罗伯特·格林（Robert Greene）将莎士比亚贬低为"用我们的羽毛美化了自己的新贵乌鸦"是否纯粹是一种隐喻。直到 1709 年莎士比亚戏剧的插图版本面世，我们才得以进一步了解戏剧是如何上演，以及演员们到底戴了什么样的头饰。

记录 1673 年《摩洛哥皇后》演出的一幅版画展示了新型室内剧院的舞台和观众席〔90〕。这部戏剧早已被人们遗忘，但通过这幅版画，我们了解了莎士比亚去世后的几年里戏剧是如何呈现的。表演者有时会轻微躬身以凸显建筑的宏伟。版画对表演者的形象进行了细致描绘，我们能够从中发现戏剧舞台的服装和假面剧颇为相似。在这种情况下，如果戏剧的背景设定在异域，就需要一些特别的羽毛，这大概能解释为什么会出现一些与众不同的头饰。

▲〔90〕《摩洛哥皇后》，公爵剧院，约 1673

▲〔91〕《对决的理查德》，约 1814

约定俗成的头饰使用规则

我们不清楚在尼古拉斯·罗尔（Nicholas Rowe）1709 年的插画版莎士比亚作品集中，那些版画的内容有多少能与当时的戏剧实践相吻合。即便如此，从中似乎还是能发现一些约定俗成的使用规则。例如，理查德三世身着毛皮长袍，戴羽饰海狸帽。这种帽子，也可以说是一顶毛皮饰边的皇冠，沿用了很长的时间。在 1814 年的讽刺版画《对决的理查德》〔91〕中，两位演员对莎士比亚展开争抢，朱尼厄斯·布斯（Junius Booth）的羽饰帽压制了爱德蒙·基恩（Edmund Kean）的皮毛帽。在 1955 年的电影《理查德

▲〔92〕弗朗西斯·海曼，"福斯塔夫"，《莎士比亚戏剧》，1744

三世》中，劳伦斯·奥利维尔（Laurence Olivier）那顶毛皮饰边的帽子便源自亨利·欧文（Henry Irving）1877 年的舞台服装，后者的帽檐在那时就已经是古怪的尖嘴状了。同样，弗朗西斯·海曼为 1744 版莎士比亚作品〔92〕所作的版画中，福斯塔夫头戴一顶羽毛装饰的都铎帽，这顶帽子后来也成为威尔第（Verdi）歌剧《福斯塔夫》中的重要道具。这顶演出帽在 1893 年首次亮相，直到 2008 年仍活跃在舞台上，男高音布莱恩·特菲尔（Bryn Terfel）演出该戏时就戴着猩红色的羽帽。

时尚与喜剧

1660 年女演员开始出现在舞台上，这起初并未给女性角色的服装带来明显变化，因为一直以来服装都是直接从赞助人那里拿来的成衣。想要说服女演员放弃时尚的装扮从来都不是简单的差事，在头发或头饰方面尤其如此。在罗尔为莎士比亚戏剧《维罗纳二绅士》所绘的插图中，西尔维娅顶着 1700 年的"方当伊"高头饰，在海曼所作的《爱的徒劳》版画中，优雅的公主戴着一顶小巧的王冠，颇具风情地贴在一侧，像极了 1730 年佩格·沃芬顿的牧羊女帽。虽然这些剧院记录已经无法查证，但这些图像表明时尚感对喜剧很重要，现在依然如此。

威廉·康格里夫（William Congreve）的喜剧作品《如此世道》（1700）中曾专门提及头饰，这种情况并不多见。女主人公米拉蒙由她的崇拜者米拉贝尔引导登场，高耸的方当伊高头饰缓缓移动，带动其上的垂饰轻轻摇摆："我的爱人她来了，巨大的头饰如满风的帆，动力全开！"女士的头饰成为广受欢迎的喜剧包袱。米拉蒙风趣且迷人，她的头饰甚是时尚，却又不显荒谬。然而，在 1776 年的版画中，她的姑妈威什福特夫人所戴的巨大便帽，各种缎带、褶边层层修饰〔93〕，应该是对当时时尚头饰的戏仿。

▶〔93〕威什福特夫人，
《如此世道》，约 1770

羽饰的悲剧

艾琳·里贝罗认为，"在各类戏剧体裁中，与喜剧相比，（无论从对历史的还原度，还是严谨性而言）悲剧中的细节都更值得我们去关注"，即便人们所见到的关于 18 世纪的视觉资料大多都只能体现一些模糊的时代或地域含义。设计者会用一些装饰来体现事物或人物所处的时代和地域，就比如锯

▲〔94〕布西里斯，1777（左）；道格拉斯，约 1791，《贝尔讲英国戏剧》（右）

齿形饰边的衣领或东方的头巾。羽毛是英雄的标识，通常与异域、王室或者军事相关。悲剧《布西里斯》中的主人公将所有这些融合到王冠下的一块头巾中，王冠上装饰着数英尺长的羽毛——这出剧被叫作"空洞的废话"〔94〕。这位英雄穿着的是所谓的摩尔人服饰，这种服装是直布罗陀以南或苏伊士以东地区所特有的。欧洲与东方不断增长的贸易使得异国话题受到欢迎，也让戴头巾成为时尚，但留存下来的视觉证据却不多见。早期的插画中，奥赛罗戴着士兵的羽饰三角帽，表明在着装上军事属性优先于种族。但无论如何，他还是难以逃脱羽毛所带来的悲剧诅咒。《道格拉斯》的故事发生在很久以前的苏格兰。在 1791 年左右的插图〔94〕中，道格拉斯穿着历史上的民族服装——斗篷、格子呢紧身裤、布满羽毛的系带软帽，一顶羽饰的帽子就表明了他传统悲剧英雄的身份。

肯布尔家族和爱德蒙·基恩

悲剧女主角也离不开羽毛，18 世纪晚期，羽饰帽帮女演员们很好地调和了时尚造型和舞台演出要求之间的冲突。在当时的法国，玛丽·安托瓦内特王后的设计师罗斯·贝尔坦设计的华丽时装帽子成为整个欧洲上流社会的社交必备品。在 18 世纪 80 年代的英国，它被称为"庚斯博罗"帽。之所以如此得名，是因为画家庚斯博罗为悲剧女演员萨拉·西顿（Sarah Siddons）绘制的画像中，西顿戴了这样一顶大量羽毛装饰的黑色帽子〔95〕；这顶帽子极富表现力，同时也不失时尚。西顿的面容天生适合戴帽子，她本人也深知这一点。《麦克白》中谋害邓肯的场景看似应该与女帽无关，但在 1786 年的画像《西顿饰演的麦克白夫人》〔96〕中，那顶时髦的黑色帽子凸显了她精致的发型和紧绷的苍白脸庞。1785 年，庚斯博罗为西顿绘制的最新肖像，与乔舒亚·雷诺兹 1784 年的肖像画作《饰演悲剧缪斯的西顿》，既是一种对比，也是一种回应。正如里贝罗所说，雷诺兹所绘的装束如果用作演出会显得过于繁复。为了体现庄重，他用帷幔将那些时尚的部分遮掩起来，并在她的头发上添了一顶经典的王冠。讽刺的是，庚斯博罗笔下的形象索性戴上了羽饰帽子——不知她会更喜欢哪一种形象。

关注历史和民族是 18 世纪晚期文化的主要特点。约瑟夫·斯特拉特（Joseph Strutt）1776 年的《英国服饰史》就是众多反映这类文化关切的出版物之一。西顿的兄长菲利普·肯布尔（Philip Kemble）1806 年接管考文

▲〔95〕托马斯·庚斯博罗，《西顿夫人》，1786

▲〔96〕托马斯·比奇（Thomas Beach），《西顿饰演的麦克白夫人》，1786

◀〔97〕哈姆雷特扮相的肯布
尔瓷人，约 1800

特花园，随后他引入了服装要做到历史"正确"这一观念——对于莎士比亚
的戏剧，这意味着什么？从哈姆雷特扮相的肯布尔瓷人来看，他穿的大概是
都铎王朝时期的服装——高大的帽子（高顶礼帽那时刚刚诞生）上装饰着象
征威尔士亲王身份的三根羽毛〔97〕，出人意料地对哈姆雷特王室继承人的
身份进行了强调。用塑像作为演员着装的证据，可靠性并不比版画更高，但
出于销售考虑，塑像一定要能够认出是肯布尔和哈姆雷特，如此说来，这些
塑像很可能接近他的舞台造型。

肯布尔统治戏剧舞台的后期，爱德蒙·基恩作为一颗新星横空出世。他是最伟大的浪漫主义演员之一。柯勒律治说，看他的演出，"就像在闪电中读莎士比亚"。理查德三世是他的经典角色，但最能体现他深厚表演功底的则是他塑造的玩弄手段的小人贾尔斯·奥弗里奇爵士。这个角色出自一部17世纪戏剧《偿还旧债的新方法》，据说这就是那部令拜伦（George Gordon Byron）晕倒的剧。在一份1820年前后的印刷物〔98〕中，基恩身着都铎王朝时的服装扮演理查德三世，王冠上装饰了数根几英尺长的羽毛；出演奥弗里奇时，他戴了一顶羽饰骑士帽。这两个角色都会时常陷入暴怒，你几乎可以想象到羽毛因愤怒而颤抖——拜伦就是这么晕倒的。

▲〔98〕饰演理查德三世的爱德蒙·基恩，1821

象征性帽子的退场

　　舞台头饰的本质是象征，这种情况直到现实主义兴起才发生改变。乔治·克鲁克汉克（George Cruikshank）1821 年创作的一幅反映考文特花园狂欢节的版画〔99〕唱响了传统头饰的挽歌——身形矮小的理查德三世头戴羽饰帽，挥舞着手中的剑；贵妇人顶着高耸的 18 世纪时髦女帽在人群间玩乐；尖顶帽下的清教徒看着眼前的欢乐场景，满面愁容；裹着头巾的人在中场沉思，士兵在前景中起舞，头上的羽毛疯狂地摇摆；潘趣和哈乐昆两个小丑人物一前一后。这里汇集了大家熟知的各类演出用帽。其中任何一款帽子出现在舞台上，观众都能预测戏剧接下来的走向。而到了世纪中叶，情况便不再如此绝对，至少在"正规"剧院中是如此。绘于 1840 年的《阿斯特利斯的幕后》〔100〕展示了新式圆形剧场的后台，表演者待在散落着羽饰帽的

▲〔99〕乔治·克鲁克汉克，《考文特花园狂欢舞会上的汤姆和杰瑞》，1821

▲〔100〕《阿斯特利斯的幕后》，约 1840

休息室里。照例戴着演出用帽的理查德三世变成了一个小丑，就如同顶着浓密羽毛头饰的福斯塔夫；一名士兵头顶的巨大羽毛耸立在背景中，另一名士兵将猩红色羽毛装饰的圆盆帽挂在墙上。人们对这幅匿名作品知之甚少，但它表明戏剧头饰开始走出"正规"剧院进入"非正规"场所，进入滑稽剧和狂欢演出这类以盛装舞女为特色的音乐剧中。

　　1912 年的一本建议手册中表达了对舞台用帽传统失去传承的惋惜："曾几何时，戏剧中的恶棍总是会戴'折叠式大礼帽'，而英雄也可以通过柔软的低冠宽檐毡帽轻松辨认，因为那顶帽子在他的眉宇之间注入了光环般的圣洁……喜剧角色则忙于平衡对他来说至少小两号的草帽。然而，今天，舞台上那些心术不正之徒将他们的邪恶掩盖在巴拿马帽之下，而英雄……那高贵的额头则要被圆顶硬呢帽的丑陋轮廓隐藏。"如作者所说，这令人困惑，而且会对礼节造成不好的影响。圆顶硬呢帽显然不够儒雅。

歌舞杂耍和滑稽表演

1900 年，在伦敦的时尚剧场，一个晚上你或许只能欣赏到一场莎士比亚的戏剧、一出社会喜剧或者现代情节剧。然而，1840 年的观众期待着更加充实的节目安排，一晚的演出要涵盖滑稽短剧、舞蹈、狂欢节目及戏剧。随着与戏剧无关的内容从正规剧院中剥离，观众逐渐开始转向其他娱乐场所。正如那幅阿斯特利斯剧院后台的插画所示，羽毛、象征性的帽子，以及一部分观众转而涌向歌舞杂耍表演场所，英国、法国和美国对此类场所的叫法不一，但情况基本大同小异。

美国的歌舞杂耍场所的名称和英国有所不同【编者注：美国称为vaudeville，相当于英国的 music hall】，但节目都是由一系列相互独立的内容组成——吟游诗人、杂技演员、魔术师、喜剧演员及男女模仿秀演员纷纷登场。美国歌舞杂耍对滑稽剧中粗俗的内容进行了调整，但保留了歌舞团女孩的演出传统，她们依旧穿着暴露，戴着巨大的帽子。在英国，吉尔伯特（William S. Gilbert）和苏利文（Arthur Sullivan）于世纪末创作了小歌剧，算得上是滑稽剧衍生剧中的一股清流，此外还有备受家庭喜爱的哑剧表演节目。异装是滑稽表演和歌舞杂耍表演的组成部分——女演员维斯塔·蒂利（Vesta Tilley）从事男性模仿表演，1920 年去世前她一直身着燕尾服，戴特里尔比软毡帽或者高顶礼帽。她的表演十分成功，她本人甚至成为男性时尚偶像。

魔术师和喜剧演员

舞台用帽能够定义一个角色，暗示他的性格或所处历史时期，但对于魔术师、喜剧演员和杂耍艺人来说，帽子是道具，用来在演出中制造惊喜或娱乐。高顶礼帽被用作魔术师主要道具的历史由来已久，是谁第一个完成帽子中变兔子的戏法，对此说法不一。有人说是 19 世纪早期的法国人，也有人说是 19 世纪中叶的苏格兰人。无论如何，19 世纪末以来，歌舞杂耍剧场的高顶礼帽中涌出了各式各样的物品——花、鸟、蛋，还有食物，有些甚至还热着。如果换成圆顶硬呢帽，演出效果就会大打折扣。原因在于，高顶礼帽是"人上人"的装备，而演出要实现的喜剧效果部分就依赖于帽子（无论多么破旧）的庄重，并使用兔子、鸡蛋和猪肉馅饼来践踏这种庄重。圆顶硬呢帽在舞台上用来指示"商人"阶层，同贵族并无关系。

我在上一章谈到了无声电影中的圆顶硬呢帽，像卓别林这样的喜剧演员从歌舞杂耍起步，对他们来说，帽子长期以来一直是惯用的道具。一位 18 世纪的法国哑剧艺术家演过一幕戏——他把头伸进毡帽的洞里，将帽檐扭曲成各种形状，同时配合着帽子的造型不断变换面部表情。维多利亚时代的喜剧演员使用平顶硬草帽玩杂耍。我们可能更熟悉威廉·C. 菲尔兹（W. C. Fields）的电影，但他最初其实是变戏法的艺人。他的绝活之一就是在脚上立起高顶礼帽、雪茄和金雀花，然后将它们踢起来，使雪茄进入口中，帽子扣到头上，而金雀花插入口袋。1897 年《帽匠报》的戏剧评论家写道："上流社会的肖像画家会认真严肃地对待自己的帽子。如此一来，（他那）柔滑光亮的帽子与他笔下描绘的对象才相称。"菲尔兹的帽子有着上流社会的出身，但几经摔打、杂耍，加之戴起来东倒西歪，如今已经成为他所塑造的落魄厌世者的标志〔101〕。

▲〔101〕威廉·C. 菲尔兹，1940

早期的欧洲和好莱坞电影喜欢从大众舞台上选取喜剧素材，二者都是从制作短片开始，选择其中最受欢迎的表演者，推出由其主演的系列剧。法国人麦克斯·林戴（Max Linder）在银幕上出现时身着燕尾服、头戴高顶礼帽，干净整洁，起初，这样的形象丝毫不会让人联想到小丑；而喜剧效果的产生就源于整洁干净的外表与纷乱离奇的遭遇之间的反差，无论情况如何混乱糟糕，他的高顶礼帽却始终能够保持闪亮。就如那顶歪歪扭扭的帽子之于菲尔兹，林戴的高顶帽子定义了林戴其人。巴斯特·基顿（Buster Keaton）找到了一件辨识度极高的配饰——扁平的"猪肉馅饼"帽，能够让人一眼就认出他。直到现在，看到这种帽子，人们仍会想到他冷峻的面容和愈演愈烈的疯狂。帽子在默片中发挥着重要作用。通过这些易于识别的帽子，感情得以迅速而充分地传递。20世纪50年代，认识到这一点的雅克·塔蒂（Jacques Tati）回归无声电影。他穿特别短的裤子，戴特别小的帽子，是最后一位在默片喜剧中走"倒霉蛋"路线的演员，他的帽子也许就是这一路线最后的道具。

圆顶硬呢帽重现

卓别林的圆顶硬呢帽是所有帽子道具中最为有名的，他曾有些言不由衷，但饶有趣味地讲述了自己是如何搭配出这身装束的〔102〕。他先是和英格兰的戏班子在英国待了一阵，之后与弗雷德·卡尔诺（Fred Karno）的公司一起在美国巡演，在这期间与启斯东公司签约。有一天，"在我准备打开衣橱时，突然闪过一个想法：我可以穿上宽松的裤子、大鞋子，挂根手杖，再配一顶德比帽。这样一来，所有一切就彼此冲突：裤子松松垮垮，外套却紧身，帽子要小……衣服和妆容让我能够感应到这个角色是怎样一个人"。事实上，这套衣服的喜剧潜力很早以前就已经被人们发现，大尺码的长裤搭

▲〔102〕查理·卓别林，约 1920（左）；明信片，英国，约 1910（右）

配小号的帽子，一直是小丑的惯常着装。启斯东的头盔小得可怜，看起来着实好笑，以至于美国警察随后决定将头盔换成大檐帽。

卓别林穿戴着紧身外套、体面的衣领和帽子，他的角色没有明确的阶级界限——同卢平·普特尔一样，他的身份处于"熟练手工艺人和富裕商人之间的灰色区域"，不是中产阶级，却熟悉他们的生活方式。大号的裤子和鞋子是卑微出身的标志，而白领和圆顶硬呢帽则是更高阶层才配拥有的东西。圆顶硬呢帽代表着绅士风度，但如果穿着邋遢——如前面提到的夏洛克·福尔摩斯故事——则可能带来社会身份的危机。卓别林来自伦敦极端贫穷的贫民窟，身份跌落的风险对他而言是真实存在的——就在一线之间，若想要保持正直，并戴稳这顶帽子，则需要有足够的机敏和修养。

卓别林戴的帽子在大西洋两岸都是标志性的。对英国人来说，圆顶硬呢帽和领结"勇敢却又无力地捍卫着小布尔乔亚的尊严……在国内，在维多利亚时代的伦敦街头……在 20 世纪 30 年代的自动化世界中，似乎也并不违和"。在美国，卓别林感性的一面大受欢迎，他与喜欢的漂亮女孩之间始终隔着一顶状况百出的帽子，但他从未放弃。温斯顿·丘吉尔说，《流浪汉》（1915）体现了"典型的美国精神"，因为他"拒绝接受失败"。（英式的）帽子所体现的绅士风度受到压制，取而代之的是对平庸无聊的抗拒和（美式的）对无限可能的热爱。

时装秀舞台

安妮·霍兰德指出，到1820年，现代男性形象已经基本定型，男士服装在体现男性气概的同时不会限制肢体的活动，表现出"正直、克制、审慎、独立"，同时又不失"苦干和革命的根本精神"，而简单、实用、现代的圆顶硬呢帽对这一形象进行了润色。相比之下，19 世纪的女性时装"表现了截然不同的观念，毫无现代感……整体基调就是在刻意展示……繁复的头饰，难穿的鞋子"。

100年间，剧院对服饰品质的追求从未止步，中产阶级和上流社会观众群体的形象在舞台得到折射和美化。在1900年的时尚之都纽约和伦敦，舞台休息室的装修风格开始向居家风格演变。据米歇尔·梅杰（Michelle Majer）所说，女演员不再是不光彩的职业，她们优雅洒脱、极具魅力，她们精致的衣橱和生活方式令无数大众梦寐以求。女性观众的比例也逐渐增加，成为日场表演的主要观众。舞台变成了时尚走秀，女性在订购礼服和帽子之前会参考她们最喜欢的女演员所穿的款式。女演员依靠自我形象，建立并维护自己的名气，而"她们的名气反过来又被用作商品推广"。照片广泛而有效地传播宣传了她们的形象，客观上也记录了她们的表演，这种记录比版画更为可靠。

奥斯卡·王尔德（Oscar Wilde）的喜剧作品《不可儿戏》（1895）虽然意在嘲讽，但在着装上毫不含糊。杰克·沃辛（Jack Worthing）看到格温德伦（Gwendolen）入场时惊呼："天呐，真是太漂亮了！"戏剧评论家认为，即使放在时尚杂志中，这出戏的演出服和格温德伦那顶美丽的羽帽都属于上乘之作。布莱克纳尔夫人虽说延续了康格里夫笔下的威什福特夫人形象，但她的帽子却很时尚，丝毫不滑稽："她的头发打理得很精致，头上戴着系带软帽。帽子的正面有两个挺括的黑色蕾丝蝴蝶结从下面的玫瑰簇中展开。另有一根长长的羽毛也竖立在玫瑰簇之中。"很多时候，喜剧效果的实现都离不开优雅着装与疯狂情节的反差。

欢乐女孩

音乐喜剧作为一种新兴的艺术形式，跨越了正规和非正规戏剧之间的界限。它吸取并融合了狂欢演出的盛大场景、滑稽戏中的讽刺性模仿和轻歌剧中的浪漫庄严。作为伦敦欢乐剧院的所有者，乔治·爱德华兹（George Edwardes）最初的目的就是吸引男性观众。1889 年滑稽剧《吕伊·布拉斯》的节目海报中，头戴骑士帽的年轻女子展示着修长美腿，衣着暴露。到了 19 世纪 90 年代，观赏戏剧成为上流社会的休闲活动。爱德华兹调整方向，开始着力吸引新的观众群。他对原有的节目进行了调整和升华，音乐剧《欢乐女孩》（1892）【编者注："欢乐女孩"也指 19 世纪 90 年代，在伦敦欢乐剧院表演音乐喜剧的女合唱演员】被保留下来，但对这些年轻女孩的气质重新进行了打磨包装。调整后的优雅形象旨在让女性观众产生一种若即若离的感觉——似乎女演员就是自己身边的普通人，却又隐约有所不同。女演员与普通人的区别在于她们的美貌和名气，但从理论上讲，所有人都可以效仿她们的穿衣风格。你完全可以像她们一样拥有令人心仪的优雅气质。

"风流寡妇"

音乐喜剧中的时尚赏心悦目且质感十足，因而在美国和欧洲都大受欢迎。弗朗兹·莱哈尔（Franz Léhar）1905 年创作的《风流寡妇》也许是有史以来最成功的音乐喜剧之一。故事情节天马行空，汉娜（Hanna）饰演的"风流寡妇"从籍籍无名华丽变身成为公爵夫人。1907 年，欢乐女孩莉莉·艾尔斯出演这一角色时戴的帽子引发了轰动。这顶不同凡响的帽子出自设计师达夫·戈登夫人之手，人们可能会更熟悉她的另一个名字——露西尔。她是伦敦最为时尚的服装设计师，戏剧在她的设计和营销策略中扮演着重要角色——她的模特在走秀时会充分结合灯光和音乐的节奏。无论是在秀场上还是生活中，露西尔的标志性风格一直是 S 形紧身装和硕大的帽子，在为温德姆剧院设计了 "淘气"裙装之后，她受乔治·爱德华兹邀请负责欢乐女孩的演出服装设计。

露西尔职业生涯的巅峰是为尚未成名的莉莉·艾尔斯打造了经典的舞台形象，爱德华兹出资支持后者出演了《风流寡妇》。对女演员来说，仅仅模仿上流社会女性的优雅是不够的，她必须切实拥有品位同样高雅的服装设计师，以及品质同样出众的服装。从发型到整体服饰，艾尔斯接受了彻底的改造；当她身着紧身白色雪纺衫，头戴粉红玫瑰和天堂鸟羽毛装饰的巨大黑色帽子出现时，时间似乎都凝滞了。多年以后，她仍对这顶帽子百思不解："帽子上只装饰了几根黑色的天堂鸟羽毛；帽子也不是特别大，却引发了热潮。"〔103〕莉莉相貌出众，却并不喜欢表演，最终还是过起了隐居生活。无论她是如何回忆这段往事，都不会影响这顶帽子在众多国家受到的推崇。露西尔则不那么害羞："这是个人的胜利……'风流寡妇'的帽子引领了一

▲〔103〕莉莉·艾尔斯，1907

种时尚，这种时尚让其设计师'露西尔'的名字在整个欧洲和美国传播开来……我们从这次狂热中赚了数千英镑。"莉莉·艾尔斯和一项帽子相互成就彼此，甚至因此名留史册的故事已然成为传奇。她算得上是"舞台生命短暂"这条定律的一大例外。

1908 年，这种时尚潮流传到了大西洋彼岸。在百老汇演出的开幕式上，剧院许诺所有观众都可以凭演出票获得一顶帽子。结果，现场一片混乱——女人们在混乱中互相踩踏。"剧院经理宣布帽子已经送完了……上百个愤怒的女人空手而归，'身上撕扯破烂的衣服和争抢的记忆'证明了她们付出的努力。"正如马利斯·施韦泽（Marlis Schweitzer）所说，这是人们在百货商场才会看到的那种"廉价抢购"，经理"成功地将女性戏剧观众带入了时尚品消费的阵营"。在银幕明星影响时尚之前，制造商就开始使用名人的名字来命名这些时尚产品了，寄希望于"明星代言能够带来巨大利润"。考虑到戴羽帽的女性众多，他们的策略是明智的。这种做法扭转了以往的常规，现实生活开始模仿艺术作品。

音乐剧和好莱坞

1914 年前后，在动物保护主义者的压力之下，羽饰帽的热潮告一段落。而在演艺行业，这一切并未完结。露西尔随《风流寡妇》一起越过大西洋，并且正如她所说，风靡一时。她搬到纽约后，为上流社会女性服务的同时，继续从事舞台服装设计工作，最为知名的当数《齐格飞歌舞团》。表演的灵感来自巴黎的女神游乐厅，演出风格华丽，演员们戴着硕大的头饰在楼梯上摆出各色造型。没有情节，也就没有了衡量得体的尺度，设计风格便可以天马行空。很难想象会有人穿着如此少的衣服，却戴着如此繁复的头饰走来走去。玛丽莲·米勒（Marilyn Miller）是歌舞团中的一位明星，她对此愤愤不平："这种东西……也能叫服装……简直重死了。"这些表演虽然从未被拍成电影，却同电影业产生了千丝万缕的关系——齐格飞歌舞团成为后来多部电影的主题，很多演员也借这部戏进入影视圈，成为好莱坞明星。那些戴着梦幻头饰唱跳的魅力女孩们成为早期电影的中流砥柱，为人们提供了喧闹滑稽剧以外的新选择。

在两次世界大战之间，好莱坞吸引了众多希望在演艺事业上有所成就的人，其中，就有我丈夫的姨妈戴安娜，是"科克伦的年轻小姐们"中的一位。戴安娜·凡尔纳（Miss Diana Verne）长相平平，但精力充沛的她在歌舞团找到了工作。根据她留下的记录推断，她职业生涯的巅峰是出演 1928 年的好莱坞歌舞电影《巴黎》。电影由艾琳·博尔多尼（Irene Bordoni）主演，因为她对羽毛过度喜爱，人们也把她叫作"鸵鸟的死神"。从电影的剧照中

▲〔104〕音乐《巴黎》中的艾琳·博尔多尼，1928

▲〔105〕合唱队伍中的戴安娜姨妈，1927

可以发现，博尔多尼小姐不仅用鸵鸟毛做头饰，还用羽毛制作裙子〔104〕。那些楼梯台阶上的歌舞女演员，静静地站在那里唱歌，其头饰同样令人惊叹。戴安娜1927年在纽约剧院的演出就相形见绌，她身处一列舞蹈演员中间，身穿流苏短裙，头饰看起来像是鸡毛〔105〕。拍照时，她应该是在为羽毛头饰更加精美的波卡洪塔斯（Pocahontas）伴唱。随着有声电影的出现，戴安娜失去工作回到英国。直到60岁，她都一直在坚持跳舞。走下舞台，生活中的她仍会戴羽毛装饰的、小巧的特里尔比软毡帽，这种习惯一直保持到20世纪70年代她去世。

电影和黛德丽的帽子

随着电影的叙事开始涉及严肃主题，服装的辅助作用变得愈加重要。20世纪20年代，电影工作室通常都运营维持着庞大的服装部门，对日常演出服和高端服装进行分别管理。设计师霍华德·格里尔（Howard Greer）说，在没有声音和颜色时，"过分强调"是推动情节发展的必要手段。电影中使用帽子来辅助塑造人物的性格，从而突出明星的特质。例如卓别林夸张的小号圆顶硬呢帽，或者玛琳·黛德丽那顶妩媚迷人的高顶礼帽。

黛德丽的帽子值得多说几句。艾格·萨罗普说："任何一位设计师都会喜欢她的颧骨和眉毛……我该用什么样的帽子来匹配她这种神秘的魅力？贝都因头饰……或在帽子上配上精灵王冠或者微型佛手？"为了凸显黛德丽的魅力，电影设计师使用了紧身裙和时尚的帽子〔106〕，还有高顶礼帽、特里尔比软毡帽、军帽和贝雷帽；有声电影出现后，她沙哑的声音更增添了神秘感。法国设计师莉莉·达奇为她设计并制作帽子。1936年，黛德丽出演《欲望》时，达奇就在该剧组工作。达奇找到了她"最满意"的模特："她挑选了48顶帽子。她喜欢所有这些帽子，但只会戴其中一顶去吃午餐……

▶〔106〕玛琳·
黛德丽，约 1935

尝试了六次之后，她最终选出了心仪的帽子……极其简单，却又能于简单中
见神奇。"

　　黛德丽说《欲望》是唯一一部令她满意的电影。她在其中饰演的法国珠
宝小偷要诱惑加里·库珀（Gary Cooper），因此对服装有很高的要求。黛
德丽"毫不压抑自己对帽子的欲望"，达奇最终为这部电影制作了多达五十

顶帽子。达奇后来时常会想起"那顶硕大的带檐贝雷帽……那一年，它成为巴黎制帽商竞相追随的典范"。她最简单的帽子却影响最大：在 1957 年的电影《控方证人》中，黛德丽站在法庭上，贝雷帽遮住眼睛的形象充满神秘。

好莱坞与历史

在电影业起步的几年间，演出服装的使用似乎回归了早期的剧院传统，卓别林等一些演员自行挑选演出服装，而导演们则随意四处走动，偶尔也会尝试从衣橱中寻找可用的服装。大卫·W. 格里菲斯（D. W. Griffith）对一位前来试镜的演员说："哈特小姐，我没有角色给你，但是如果你同意让皮克福德小姐戴你的帽子，我会付给你 5 美元。"继戏剧短片之后，历史史诗电影成为好莱坞的新宠。1917 年版的《埃及艳后》中，露西尔设计的头饰却并不符合古埃及风格，反而更像是歌舞演员的服装。服装史学家爱德华·梅德（Edward Maeder）对此进行了解释，"追求真实性的同时切不可忽略观众的预期和接受能力"，电影最初就是脱胎于大众娱乐而非正规剧院，因此观赏性较之真实性更为重要。但有声电影的出现对服装设计产生了重大影响："加入人声以后，女演员变回了普通人。"米高梅的设计师亚德里安（Adrian）回忆"一切都要务必做到贴合实际"，至少看上去要如此。电影要做的是将观众从现实世界带到另一个世界当中，为了让另一个世界显得真实可信，反而需要引入一些熟悉的味道。

电影导演大卫·塞尔兹尼克（David Selznick）在拍摄《乱世佳人》（1940）时，将他的设计师派到南方各州，同作者探讨服装设计，同时展开对电影背景时代的服装及材质的研究。魅力是好莱坞的核心，但很少有电影能够将服装做得像费雯·丽（Vivien Leigh）的这般迷人。服装的整体轮廓依然是当代的，却能以一种浪漫的方式将人们带回内战时期。约翰·弗雷德

▲〔107〕费雯·丽，《乱世佳人》，1939

里克（John Frederics）为她设计的帽子符合南北战争时期的真实情况，但她的穿戴方式却俨然是 20 世纪 30 年代的风格。在电影的开场画面中，费雯·丽完全是 1939 年的装扮，宽边花式女帽的蝴蝶结扎在一侧，突出表现了斯嘉丽作为少女的娇态，与最后她摘下帽子的厌战形象形成巨大反差〔107〕。

最后的硕大帽子

战争时期，电影预算收紧，电影的华丽风格逐渐褪去。服装部门被削减。20 世纪 50 年代制作的电影多半是西部片，斯泰森帽和系带软帽在电影中反复使用。服装设计业务也逐渐被剥离，最终发展为自由职业。没有人特意去设计迪士尼的大卫·克洛科特（Davy Crockett）帽，但是这款更像是毛绒玩具的帽子却在 50 年代中期大受欢迎，尤其对孩子们而言。

《乱世佳人》中的帽子是时尚的产物，又反作用于时尚。但如果斯嘉丽的帽子是一种启发，那么塞西尔·比顿（Cecil Beaton）1964 年为电影《窈窕淑女》设计的阿斯科特帽则是一种终结。电影中奥黛丽·赫本（Audrey Hepburn）的这顶帽子比莉莉·艾尔斯的"风流寡妇"帽更大。比顿曾在战后为电影做服装设计，代表作有 1958 年的《琪琪》。罗纳德·弗雷姆小说《佩内洛普的帽子》中，女主人公在伦敦的一家商店试帽子，那时是 1960 年左右。店员告诉她，"这顶帽子是'琪琪'同款的"。刚刚有了情人的佩内洛普没有要这顶帽子，她觉得"自己的年龄已经不允许自己冒充无知少女了"。《琪琪》虽不像《窈窕淑女》这般受人瞩目，但也产生了一定的影响——但令人不解的是，比顿此前设计的阿斯科特帽似乎并未在时尚界留下痕迹。

事实上，比顿 1956 年就在百老汇负责舞台版《窈窕淑女》的服装设计工作，但在电影中，他尝试做了颠覆性的改变。比顿出生于爱德华时代，他觉得自己和朋友都属于那个时代。为了更好地完成舞台表演的设计工作，他曾就阿斯科特赛马会的场景咨询过黛安娜·库珀夫人（Lady Diana Cooper）。黛安娜夫人向他描述了自己母亲的草帽，"用鸟的前胸羽毛和灰粉色的缎带……装饰"。比顿在设计朱莉·安德鲁斯（Julie Andrews）的阿斯科特赛马会着装时用了灰粉色——真不是什么好选择，更糟糕的是还将这种颜色用在了一顶毫无造型的软帽上。在电影中，他借鉴 1911 年的"黑色"阿斯科特赛马会对该场景进行了重新设计。

如黛博拉·兰迪斯（Deborah Landis）所说，这一场景需要超过 400 件黑白服装，堪称"电影服装设计工作的最大挑战"，也因此轰动一时。赫本出席阿斯科特赛马会时所穿的服装在 2011 年被拍出了 370 万美元的价格。

▲〔108〕奥黛丽·赫本,《窈窕淑女》, 1964

巨大的帽子衬托了赫本的精致面容和眼睛〔108〕——像西顿一样，她生就一张适合戴帽子的脸庞。比顿痴迷于那段历史时期，但为了同电影的表现手法保持一致，还是对自己的设计作品进行了风格化处理；1911 年的帽子很大，但又没有到巨大的程度。为符合当时的流行风格，莉莉·艾尔斯 1907 年的"风流寡妇"帽微微倾斜，固定在头发上——它是可以戴的。赫本的帽子则以一种令人揪心的姿态固定在复杂的底座上，与其说是在追求真实，还原那一时期的头饰，还不如说它更像是舞台演出服。从来没有帽子能做到这般疯狂、这般可爱，但是当某种事物达到巅峰时，往往就是其消亡的开始。

我必须承认 1959 年时，我曾渴望得到一顶"琪琪"帽。它是年轻气质和"法式风情"的化身，在保守的 20 世纪 50 年代过后，散发出难以抵挡的魅力，但 1964 年时，我还没有帽子。1964 年时，很难想象会有女人戴着比顿设计的帽子出席日常的社交活动，不仅是因为戴起来不方便，更重要的是人们已经对它失去了兴趣。没人再把它当作下个社交季的备选服装。年轻女性不再像她们的母亲那样在女帽柜台前徘徊。在如今的阿斯科特赛马会上我们可以看到很多惊艳的帽子，但这些都是限于特殊场合的特殊装扮，并不符合大众的时尚观。比顿设计的硕大美丽的帽子给人们留下了深刻印象，但它们是属于好莱坞的，当代消费者并不会为其买单。

叛逆的贝雷帽

《控方证人》（1957）中，玛琳·黛德丽的贝雷帽虽简单，却传达出丰富的内涵——迷人的黛德丽戴上以后，帽子便不再平凡。贝雷帽出现的时间很早，如今仍然风靡全球。它常常被用来标记人们印象中的法国人，也常见于军装和校服中。但是，在这些平淡的用途之外，贝雷帽也像特里尔比软毡帽一样有着颠覆性的政治内涵。香奈儿 20 世纪 30 年代的设计中有它，小说家科莱特（Collette）的卷发上也出现了它的身影。实际上，怎样戴贝雷帽比如何设计更加重要。法国明星米歇尔·摩根（Michelle Morgan）在 1944年的电影《马赛之路》中将贝雷帽戴出了傲慢气质，象征着她在战时敢于冒险的勇敢形象。傲慢就是黛德丽贝雷帽的潜台词，可以说，这种气质在出演《邦妮和克莱德》（1967）的费·唐纳薇（Faye Dunaway）身上得到了淋漓尽致的体现。

这部电影打破了好莱坞关于性和暴力的禁忌，是反主流文化年轻一代的集体发声——1968 年即将到来。回想起来，《邦妮和克莱德》对风格的探讨并不逊色于性或暴力，所有这一切共同成就了这部电影。看到西娅多拉·范朗克尔（Theadora van Runkle）设计的演出服装后，导演阿瑟·佩恩（Arthur Penn）坦言，希望自己的电影不会辜负西娅多拉的作品。唐娜薇的服装引爆了一种潮流，贝雷帽开始以 1.99 美元的价格在折扣店出售，如爱德华·梅德所说，一时间"不戴帽子的一代人重新戴上了帽子"。

实际上，女性并非突然重燃了对装饰性帽子的热情——贝雷帽没有固定的造型，且不尚修饰，是一种反时尚的存在。帽子的卖点在于它是异议者的象征——在切·格瓦拉（Che Guevara）看来，1.99 美元一顶的贝雷帽是同志间的头饰。从照片中可以发现，邦妮·派克本身并不是特别漂亮，但当她穿上系带鞋、中长裙，戴上贝雷帽，却十分优雅。她出生在美国大萧条时期，做过女服务员，更重要的是，她犯下了累累罪行，违背社会规范，嘲讽了美国梦。这样的出身和经历让她成为"激进时尚"的魅力偶像。张狂的贝雷帽〔109〕与沃伦·比蒂（Warren Beatty）的特里尔比软毡帽让人们想到《发条橙》中亚历克斯的圆顶硬呢帽，这些帽子为暴力和反叛增添了魅力。时至今日，一直在流行、从未落伍的贝雷帽仍然是"激进时尚"的经典。

观众们总希望能够与明星偶像有些相似之处，就电影中的头饰而言，自

▲〔109〕费·唐纳薇，《邦妮和克莱德》，1967

费·唐娜薇和赫本的帽子以后，便很少再出现具有这种魅力的帽子。黛博拉·兰迪斯在《好莱坞服装》（2012）一书中指出，电影服装"与时尚趋势产生共鸣时会引发巨大反响，但这种情况似乎已经越来越少"。1965 年之后，帽子开始逐渐被弃用，此后无论是在舞台上还是银幕上，都很少再诞生影响深远的帽子。但电影中的帽子已经深植在人们的文化记忆中。电影中使用它们是为了电影效果，这些辨识度极高的帽子是对传奇人物的致敬——阿斯泰尔（Fred Astaire）的高顶礼帽，卓别林的圆顶硬呢帽，鲍嘉（Humphrey Bogart）的特里尔比软毡帽，黛德丽和唐纳薇的贝雷帽。时至今日，像《广告狂人》或《战地神探》这样怀旧的剧集仍旧对复兴男帽抱有期望。

电影中的帽子似乎都与特定的明星紧密相关，而在剧院里，没有所谓加里克三角帽，或者肯布尔高顶礼帽。帽子或与角色有关——福斯塔夫的羽毛系带软帽，或是遵循约定俗成的规则——男主角头戴羽饰头盔，摩尔人则要裹着头巾。舞台上女性的帽子与男性的又有所不同，它们更多的是追随时尚，与社会地位的关系相对较小，很少能够与角色或传统形成稳定的联系。当然，后冠始终属于皇后，硕大的帽子属于阿姨，"风流寡妇"也许是这一规则的例外。奥黛丽·赫本戴帽的形象至今令人难忘，但比顿在戏剧和电影中设计的阿斯科特帽，却都没有得到时尚界的青睐。

一顶帽子可以成就一场演出——没有贝雷帽的狂放傲慢，唐娜薇就只是个普通的漂亮女孩。据设计师科琳·阿特伍德（Colleen Atwood）描述，2010 年参加电影《爱丽丝梦游仙境》的拍摄时，约翰尼·德普一直在寻找一顶"陪伴（帽匠）经历生死浩劫的帽子……最终他找到了一顶烧焦的金线绣边皮帽"，德普说，"帽子能引领你进入另一个地方"；阿特伍德说，"帽子才是关键所在"。任何一个 5 岁的孩子都知道，参加化装舞会，你必须有一顶帽子。

Chapter VII

运动帽

　　运动对我们如今的着装产生了深远的影响。人们在旅行、购物或做其他与运动无关的事情时也会穿运动服，运动鞋、滑雪服和棒球帽都是常见的着装。运动向时尚转化司空见惯，在男装中尤为如此，以 1800 年流行的布料大衣、鹿皮裤和圆顶硬呢帽为例，这些服装都源自英国的乡村服饰或马术服装，正是它们构成了当代服装的基础。女性参加体育活动的时间较晚，又因为她们更注重服装的搭配和时尚准则，所以女性服装在适用于运动方面，发展相对比较缓慢。当然，运动帽的市场如今得到了极大的拓展——船夫帽（平顶硬草帽）并不总是出现在船上，棒球帽也可以独立于棒球而存在。

速度型和爆发型运动中会用到护具，帽子保护的是身体部位中最薄弱的头部，但极容易受到冲击而掉落。在法国狩猎的朋友一直为树枝剐蹭到三角毡帽感到苦恼，但是感谢来自霍克汉姆的托马斯·库克和洛克先生，如今情况已经大为改善。如麦克道威尔所说，保护功能是基本考虑，运动帽"通常是应对特定问题的权宜之计……仅仅因为天气变化……运动员是不会放弃比赛的"，潜在的危险也不是放弃的理由。运动中难免会存在危险。板球可能会令人丧生，自行车、赛车、骑马、滑雪道也存在同样的风险。合适的头部护具能够提供强有力的保护，但这种保护并不是绝对的。在高尔夫球面前，高尔夫帽能起到的作用十分有限，但是高尔夫球手会因此换上头盔吗？有些时候，保护性能要让位于其他因素。

很多运动是从工作间隙或闲暇时的游戏发展而来的，参与者的穿戴应该是日常着装，那么帽子必然不会缺席。因此可以说，日常戴的帽子和工作帽是男士运动帽的前身，二者有时合而为一，有时又会展现出不同的特性，猎人的耳罩就是很好的例子。然而，帽子在运动中的作用和意义不是一成不变的，会随着穿戴者的身份地位发生改变。圆顶硬呢帽从最初狩猎场看护者的头部护具变成狩猎群体的帽装，而后进入城市着装的行列。特罗洛普笔下的斯坦伯里小姐在 1869 年对普通布帽不屑一顾，而到了 20 世纪 20 年代，这种帽子却成为威尔士王子打高尔夫球的装备，走上了"帽生"巅峰〔110〕。男士帽子不尚修饰，可以很自然地转变为运动装，女性参加体育运动之初，经常"借用"男士的帽子款式，随之招来一些批评和嘲讽。人们经常在实用、得体和时尚之间纠结，女性尤其如此。得体要求你在户外戴帽，而若要追求时尚，你应当选择一顶宽边花式女帽——但戴着这样的帽子如何打网球？

一直以来，帽子都被用来表示尊重，但也可以像月桂花环一样，被用来颂扬成就。这一传统可以追溯到 19 世纪。英国人在足球赛或橄榄球赛中

▲〔110〕戴高尔夫球帽的威尔士王子，约 1920

获胜后，将会获得一顶"帽子"，这种做法现在已经扩展到其他运动项目。1858年，一位球员在比赛中连续三次击中门柱得分，赢得了一顶帽子，作为对他出色表现的肯定，这便是板球中"帽子戏法"的来历。2014年11月，澳大利亚板球队将他们的便帽放在球拍上，以此表达对因头部受伤而离世的队友的尊重。体育运动通常都会包含团体赛，带有特定颜色、徽章或文字符号的帽子表明了与特定俱乐部、参赛队或赞助商的隶属关系。我们可以通过头饰更轻松地识别远处运动着的人，比如骑师鲜亮的便帽，但其中也不免有展示，甚至惹人注目的目的。安东尼·特罗洛普笔下寻觅良伴的女士就"深知自己穿骑马服、戴高顶直筒帽的形象更加动人"。

狩猎、骑马和射箭

19世纪自行车和内燃机出现之前，骑马是最快捷的出行方式。男骑手戴着各种各样的时髦帽子，从一开始，女性在外出时就会将它们收作己用。1666年，约翰·伊夫林（John Evelyn）记录下女王"身着骑士长袍，头戴羽饰帽，到户外漫步"。这些能够提升人物形象的服装经常在肖像画中出现，比如戈弗雷·内勒（Godfrey Kneller）1715年所绘的卡文迪什夫人〔111〕身着长袍，系着阔边领结，神采奕奕，此外还特意在假发上戴了顶黑色的羽饰三角帽。1712年的《旁观者》中，约瑟夫·艾迪生表示不喜欢"这种不得体的做法……女士们穿着骑马装，戴着假发和羽饰帽……想要模仿异性的时尚气质"。

摆脱了17世纪笨重的假发后，18世纪的小巧三角帽穿戴起来更加灵活；庚斯博罗1748年所绘的安德鲁斯先生，狩猎时就将假发上的三角帽向后推了推。到了世纪中叶，骑手帽以外的各类毡帽也开始在骑马时出现，形状有圆形的和翘尖的，材质包括羽饰的和编织的。轻便鸭舌帽通常是马夫和驯养

▲〔111〕戈弗雷·内勒,《卡文迪什夫人》, 1715

猎狗的仆人所戴，但在托马斯·哈德森（Thomas Hudson）1745年所作的肖像画中，年轻的贵族小姐南希·福斯特克（Nancy Fortescue）〔112〕就为骑手服搭配了一顶黑色天鹅绒鸭舌帽。难道是因为这样更显年轻吗？不过，至少可以肯定比沃斯利夫人（Lady Worsley）的帽子更合理——雷诺兹1779年的肖像画〔113〕中，沃斯利夫人戴的硕大黑色天鹅绒骑士帽上还装饰了大簇的羽毛，是贵族女性帽子中较为简单朴实的款式。可以想见，沃斯利夫人绝对不可能戴着这样的帽子骑马，应该是特意为了画像而选择的。1780年，约翰·佐法尼为玛丽·斯泰尔曼（Mary Styleman）所绘的画像中，玛丽的服装和帽子与沃斯利夫人高度相似。从这两幅画来看，对时尚的追求似乎已经超越了理智——正常情况下，这些帽子应该用系带固定在高高的盘发上。回头重新观赏这幅画，沃斯利夫人的帽子令她看起来有些狂傲自大，据说，这位丑闻离婚案的被告有多达27位情人。

到了世纪之交，帽子和发型的尺寸都有所减小。1812年，伊普斯维奇杂志的时尚专题展示了"一顶黑色海狸骑手帽，用金色的饰带和流苏装饰，正面立着长长的绿色鸵鸟羽毛"；同年，女性杂志《嘉集》中展示的骑马服装也搭配了同样款式的帽子〔114〕。罗伯特·瑟蒂斯19世纪中叶创作的小说中记录了骑手服装的诸多细节，但在与马术相关的内容中很少有女性角色出现。1838年的小说《乔克罗斯远足嬉游录》中，乔克罗斯戴了顶"宽边、低冠的帽子……用绿色的狩猎绳系在黄色背心上"，防止帽子掉落。保守的乔克罗斯喜欢老款式的帽子，在马车比赛中，他戴了一顶"飘扬着红白羽毛的时尚二手双角帽"。

在插画师费兹〔Hablot Knight（Phiz）Browne〕的笔下，乔克罗斯在狩猎时头戴圆帽或骑手便帽。小说刻画的多位猎手中有两位时尚人物，其中一位将帽子"固定在一侧，衬托着打蜡的鬓发"，另一位则戴着"白色的绒

▲〔112〕托马斯·哈德森，《德文郡福斯特克小姐的肖像》，1745

▲〔113〕乔舒亚·雷诺兹,《沃斯利夫人》, 1779

▲〔114〕骑手长袍,《嘉集》, 1812

帽"。两人戴的都是高顶礼帽，这种帽子实用性不佳，但在 19 世纪的大部分时间里却是马背上的必备品。和瑟蒂斯合作的两位插画师费兹和约翰·里奇（John Leech）都描绘了高顶礼帽，世纪之初的一些帽子是用海狸皮毛制成的，而不是从法国进口的闪亮丝绸礼帽。乔克罗斯欣赏的狩猎帽有很多种，唯独看不上法式丝绸帽和劣质毛皮帽——"他一边在指尖上转着一顶绿色镶边的漂亮白色帽子，一边说道：'那些恶心的丝绸和劣质货色根本就不行！'"19 世纪中叶的穿搭指南《上流社会的骑手着装》认为，白色帽子的流行不会长久，即便如此，也无法掩盖它们十足的雅致。萨克雷笔下的主人公彭登尼斯在参加埃普索姆赛马会时就戴着这样一顶。

在瑟蒂斯的小说《司彭吉先生的运动之旅》（1853）中，司彭吉先生【编者注：也是《乔克罗斯远足嬉游录》中的人物】的帽子并非什么特别的款式，"只是一顶不起眼的圆帽"，就像司彭吉先生本人一样普通。两队狩猎人，"一方穿戴扁平帽子和宽松服装，另一方则颇像是时尚的纨绔子弟"。司彭吉先生"用黑色丝绳系住的短绒帽"，在里奇的插图中，被描绘成了拴着小黑绳的高顶礼帽〔115〕。这种小说的喜剧效果往往就在于剧烈的冲突。司彭吉先生的身材矮胖，毫不起眼，但是衣着时尚、富有行动力，这些特点从他与另一队狩猎者相遇的场景中可见一斑："强烈的碰撞！领主和胯下的坐骑、头上的帽子各自飞散出去。"在里奇的画中，司彭吉先生的领主身着宽松的裤子趴在地上，马匹和平顶帽散落一旁。司彭吉先生骑在马上，他的高顶礼帽飞了出去，靠着那根黑绳才依旧连在衣领上。

一个世纪前，艾迪生表达了对女骑手的偏见；一个世纪后，这种偏见依然存在。1848 年的一本建议手册中刊印了一幅名为《一位骄奢放纵的女人》的漫画，画中的女士身着修长的骑手装，头戴神气的高顶礼帽〔116〕。她是狩猎和跳舞的一把好手，也会抽烟、赌马——但按照手册的说法，这种女

▲〔115〕司彭吉先生，约翰·里奇，出自罗伯特·瑟蒂斯《乔克罗斯远足嬉游录》，
伦敦，1838

THE MODEL FAST LADY

◀〔116〕《一位骄奢放纵的女人》，H. G. 赫恩（H. G. Hine），出自霍勒斯·梅休（Horace Mayhew）《女性和儿童》，伦敦，1848

性的感情生活并不乐观。瑟蒂斯的小说《素发或卷发？》在 1860 年出版，女性终于参与到小说中有趣的骑行当中。我们看到"美女们成群结队地骑马慢行，彩色羽毛在她们欢快的小帽上摇曳"；里奇的版画中经常会出现马背上漂亮女孩的羽毛头饰。瑟蒂斯作品中的主人公都是狩猎人，这部作品中，罗莎·麦克德莫特取代男性成为主角，她狩猎时"戴着一顶非常漂亮的帽子，帽冠周围优雅地缠绕着漂亮的狐尾"。狩猎的队伍中也有孩子，里奇画笔下的他们头戴小巧的便帽、高顶礼帽，或者"猪肉馅饼"帽。能力出众且从不骄奢放纵的罗莎最终"俘获"了一位公爵。

《上流社会的骑手着装》（1853）一书的作者认为，这种态度的转变源于帽子本身的改变。提及男帽，人们几乎总会想到"宽边软帽，或呈圆形，或是帽檐上卷……部分形似三角帽……搭配一根长长的羽毛……骑手帽的变化带来了良性反响。我们不能再说女骑手像男人一样"。女猎手帽子上的羽毛（如果是狐狸尾巴会更好）包含了一种作秀的成分，它将运动和戏剧性联系在一起——瑟蒂斯的喜剧情节从不缺少欣赏的观众。

1900 年时，女性骑手开始佩戴时尚的圆顶硬呢帽，并选择性地搭配面纱。两张来自英国的明信片表明，圆顶硬呢帽和高顶礼帽一直在男女骑手之间交替使用。在稍早的一张卡片中，男猎人挥舞着丝绸高顶礼帽向头戴高冠圆顶硬呢帽的迷人女士致意。一张在林地场景拍摄的照片中，戴着质朴圆顶硬呢帽的男猎人向戴高顶礼帽的女士暗送秋波〔117〕。帽子的高度象征着权威和力量，高耸的帽子表明女性将在狩猎中捕获"猎物"——这既是一种古老的性暗示，也是对当时女权主义的抨击。

到了 20 世纪，女性开始跨坐骑马，帽子的设计也相应更加大胆前卫。伦敦国家肖像馆中收藏了一张 1914 年的照片，照片中，明星泰迪·杰拉德（Teddie Gerard）和她的朋友分别穿着马裤和裙裤。两人的帽子引人注目，硕大的帽子作为运动装恐怕有些过于时尚。美国女骑手可能更喜欢"牛仔"风格，但牛仔帽的保护性能较圆顶硬呢帽略逊一筹。如今仍有骑手选择戴圆顶硬呢帽，尤其是在盛装舞步项目中，但在狩猎和骑行中会戴骑手头盔。外观上，它与经典的绒面骑行便帽非常相似。这种头盔与其他运动头盔有明显区别，它更加贴近头部，保护更加全面均匀。空气动力学对于这项运动的影

◀〔117〕"女猎手"，美国，
约 1890（上）/1955（下）

响较小，因而帽子保持了经典的便帽风格。天鹅绒包裹硬质塑料内壳，在头盔和头部间形成空隙，可以减少坠落造成的冲击力。骑手头盔中象征性地保留了一处奇怪的设计——精致的头盔内侧后部的头带上有一个蝴蝶结。我猜，最初是用来调整舒适度的。猎狐时头盔上装饰黑色缎带，狩鹿时使用红色；头领戴头盔时会将缎带露出来，随风飘荡，而普通骑手要将缎带两端塞在头盔内，不可以露出来。

泰迪·杰拉德的画像表明，人们对女性和运动的态度发生了根本变化。总体而言，这一时期的美国女性相较欧洲拥有更大的行动自由。尽管如此，她们的一些举动还是会让人感到吃惊。1900 年左右，一位温柔的佛蒙特州年轻女性身着朴素的套装，头戴平顶小军帽，正在抚摸着一只体形庞大的鹿的尸体〔118〕。反观彼时出席英国狩猎派对的女性，她们更多的时候还是戴着时髦帽子充当优雅的观众，极少会真正参与其中。

最初，体育运动很大程度上被视作社交活动，而且多在住所附近举行。那时，女性们需要遵循社交着装标准。但是自 19 世纪 80 年代以后，随着体育运动进一步普及，规范化和挑战性进一步提升，女性的运动装中开始出现男性元素。可可·香奈儿将男性运动装的设计引入时尚女装，20 世纪 30年代，女性开始穿着裤子，并把它作为运动时的普遍选择。到了 1950 年，经历了两次世界大战的女性们在工作和体育领域与男子展开竞争，她们的生活和服饰也开始出现相应的改变。20 世纪 50 年代中期，身形健美的美国金发美女背着猎枪，牵着狗，穿着衬衫、裤子，戴着军事风的便帽——人们已经完全接受了这种形象〔118〕。如今，布帽和毡帽通常在田赛项目中出现；骑马时大多戴头盔或加固帽；高顶礼帽或者圆顶硬呢帽则多见于花样骑术。与我一起在法国狩猎的朋友最近将她的三角帽换成了头盔，她说，其余的狩猎人也纷纷跟风，但是这样就出现了一个新的问题——男士很难再

▲〔118〕狩猎明信片，美国，约 1955（左）/1900（右）

依照礼节向女士们举帽行礼。

　　射箭运动中不涉及马匹，在这里提及似乎稍显突兀，但同样起源于狩猎活动的射箭，同样是女士们展示优雅服装和心仪头饰的上好机会。射箭的场地通常在阳光明媚的青草地绿树间，运动中没有任何激烈的动作，非常适合女性。对男性而言，射箭是一项历史悠久的休闲运动。1781 年，在伦敦成立了一家射艺爱好者协会，开始吸收女性成员。在射箭比赛中，男女参赛者都穿当下的时装，帽子自然也不会缺席。很快，统一的射箭服开始出现，在 1823 年的版画《英国皇家弓箭手》中，男女射手都身着绿色服装。男士戴着羽毛耸立的高顶礼帽，女人们戴着羽饰骑士帽，参赛者的帽子与观众的

▲〔119〕威廉·弗里斯,《集市上的射艺爱好者》, 1872

系带软帽形成明显反差。系带软帽的帽檐会对拉弓造成干扰。到18世纪，这项运动在女性中愈发受到欢迎，被称为"唯一可以尽情享受而不需要担心被指责不淑女的田赛运动"。

在乔治·艾略特小说《丹尼尔·德龙达》（1876）中，格林温特"对生活中的每处细节都力求时尚"，一心想寻得一位富有的丈夫。参加射箭比赛时，格林温特穿着一件精致的白色连衣裙，头戴绿色羽毛装饰的帽子。她在比赛中胜出，同时也俘获了未来丈夫的心。艾略特用服装表现格林温特对时尚的沉迷，但这一形象也让人联想到狩猎女神狄安娜，她会杀死那些追求她的男人。艾略特提供的细节很少，但是可以想象，这种几乎算是静态的运动中，运动只涉及手臂动作，服装可以极尽精致繁复之能事。威廉·弗里斯1872年的画作《集市上的射艺爱好者》〔119〕中，三位年轻女性穿戴的就是真丝连衣裙和华丽的狩猎帽。弗斯从三个角度对帽子进行了展示，强调这些帽子重在时尚而非运动。

曲棍球、板球、槌球、高尔夫和棒球

1751年，威尔士亲王在板球运动中不幸身亡，人们在感慨的同时，对防护具的重要性有了更深刻的认识。如果弗雷德里克王子（Frederick Ⅰ）登上王位，而不是乔治三世，谁知道历史会如何改写？如今，我们可以从一幅1744年的画作中一窥悲剧发生前板球运动的情形。球员们戴的便帽是骑手常戴的款式，据《环球观察家》的说法，这种便帽在这些年轻人中颇为流行，他们"更愿意穿戴得像位骑手……选择戴黑色便帽而不是四周有檐的帽子"，便帽虽较三角帽更为稳固，但防护性能却极为有限。弗雷德里克的去世对板球的发展造成了打击。但从一位不知名的艺术家创作的《在诺尔公园玩板球的萨里、肯特领主和绅士》〔120〕来看，1775年时至少已经开始恢

▲〔120〕《在诺尔公园玩板球的萨里、肯特领主和绅士》，1775

复板球比赛。球员们的装束为日常着装和三角帽，击球手不戴帽。罗德板球场自 1806 年开始举行"绅士–球员"板球赛，在这项传统赛事中，帽子被用来标记不同的社会身份——作为业余爱好者的"绅士"们戴高顶礼帽，（受雇于当地俱乐部的）专业运动员戴便帽。1847 年，英格兰十一人板球队由乔·盖伊（Joe Guy）担任队长〔121〕。当时的一幅球队画像中，两三个人戴着便帽，裁判着毡帽，还有一位球员（应该是本场的投球手）光着脑袋——其他人都戴着高顶礼帽。同年的伊顿–哈罗赛中选用了平顶硬草帽。到 1860 年，大多数学校开始倾向于便帽。便帽、平顶硬草帽、高顶礼帽，以及圆顶

▲〔121〕乔·盖伊和英格兰板球十一人板球队，1847

硬呢帽的雏形共存，19 世纪中叶的板球赛场成为时尚、防护性和礼仪的对决之地。此时，想必很多人会好奇，如果在 1858 年完成"帽子戏法"会被授予哪款帽子？

威廉姆·G. 格雷斯（W. G. Grace）是英格兰最著名的"绅士"板球运动员，1888 年，他从实用角度出发推荐人们戴布制便帽，从此以后，红色条纹的便帽成为他的标志性着装——下面这张 1900 年的卡片上那位蓄须发福的板球运动员〔122〕肯定是他。进入 20 世纪 50 年代，头盔在冰球和美式橄榄球中已经成为必要装备；1980 年前后，板球运动员仍然只戴着便帽或索性不戴帽；1978 年，一位球员戴头盔上场，遭到观众的一片嘘声。然而，

▲〔122〕威廉姆·G. 格雷斯，约 1900

一次板球比赛中，一名澳大利亚球员的下颌被球击碎，此后，头盔如雨后春笋般在赛场出现。2000 年以后，顶级球员在击球时也会戴上头盔。

　　板球比赛发明之初就有女性参与其中。绘画作品中，德比伯爵夫人（Countess of Derby）1779 年与朋友们一起玩板球，把她那硕大的帽子固定到头发上肯定费了不少力气，感觉随时会掉落下来。同沃斯利夫人的狩猎帽一样，人们很难相信这些帽子曾经真实存在，但是类似款式在无数漫画中出现——有些甚至比伯爵夫人的帽子更加夸张。1890 年的《伦敦新闻画报》刊登了名为《早期的英国女子板球比赛》的图片，图中的女孩们按照格雷斯的建议，一本正经地戴着便帽和平顶硬草帽，帽子上的丝带与服装相得益彰〔123〕。30 年后，情况又发生了巨大变化——贝德福德学院的板球队员

▲〔123〕《早期的英国女子板球比赛》，出自《伦敦新闻画报》，1890

▲〔124〕《女子曲棍球比赛》，《伦敦新闻画报》，1893

穿及膝长袍不戴帽，这显然已经成为一战后现代的普遍着装。

相比于板球，曲棍球和槌球运动与女性的关系更加密切。1880 年前后，英国私立学校开始将曲棍球作为女性体育项目。曲棍球的历史比板球更加久远。国际上，曲棍球主要被当作一项男性运动，尤其是在激烈的冰上曲棍球项目中，女性参与者更少。但在英国，它仍然经常与女性联系在一起。在一幅描绘 1893 年女子曲棍球比赛的画中〔124〕，作画者用飞扬的时尚裙摆努力去表现队员的速度和端庄气质，但这些美丽姑娘头上纹丝不动的平顶硬草帽却出卖了画作的真实性——只有一顶帽子被吹落。在 20 世纪二三十年代的球队合影中，身材健美的队员们则穿着朴素的及膝袍，不戴帽子。这一切表明，务实的态度已经战胜了对淑女气质和时尚的追求。

与曲棍球不同，槌球是一项几乎静止的运动，槌球的玩法就是在努力进球的同时阻止对手进球。这项运动起源于法国，19 世纪 60 年代经爱尔兰传入英格兰后，立即成为深受男女喜爱的花园派对游戏。据说，大家都会对钻入灌木丛中找球的年轻人视而不见。槌球运动通常在风景如画的草坪和树林中开展，强度低，堪称展示夏季时尚的理想场合。

艺术家查尔斯·达纳·吉布森（Charles Dana Gibson）创造的"吉布森女孩"形象——时尚自由的年轻美国女性形象——受到大西洋两岸人们的追捧。吉布森的《皮普先生的教育》（1899）记录了皮普一家的欧洲旅行。他们在英格兰参加了一次盛大的槌球派对〔125〕。皮普先生击球时，皮普太太为他拿着高顶礼帽——无论从场合、季节或运动任意一个角度来讲，高顶礼帽都不是正确的选择。皮普家的小姐们显然更熟悉当地风俗，背景中，两人戴着华丽的帽子，正和两个年轻男士做游戏。槌球运动是身份的象征，而这项运动的关键则在于时尚。

早在 15 世纪，高尔夫运动就已经在苏格兰和低地国家出现。这些国家

A CRITICAL MOMENT
A match game at Carony Castle.

▲〔125〕《关键时刻》，查尔斯·达纳·吉布森，《皮普先生的教育》，1899，纽约：多佛出版社，1969

的天气特点使头盔成为必需品。18 世纪，英格兰开始出现高尔夫俱乐部。在一张 1790 年的画像中，一位布莱克希思高尔夫俱乐部成员身着俱乐部的会服，戴着一顶防水的宽檐圆形海狸帽。这项活动慢慢从不限场地的大众运动发展成为精英俱乐部活动。从画像中我们可以看到，1818 年，爱丁堡高尔夫球手荣誉会会长约翰·泰勒（John Taylor）头戴米色海狸高顶礼帽，身边跟着戴布帽的球童。弗朗西斯·格兰特（Francis Grant）1883 年所绘的约翰·怀特·梅尔维尔（John Whyte Melville）会长肖像〔126〕明显参考了泰勒的形象——两人都身着红色常礼服，身边都跟着位戴布制便帽的球童。不同之处在于，泰勒的帽子是瑟蒂斯所说的"白绒"款式，而梅尔维尔戴的

▲〔126〕弗朗西斯·格兰特,《约翰·怀特·梅尔维尔》,爱丁堡,1883

是黑色海狸圆帽，像是来自 1790 年的复古款式，不过造型上已经非常接近时尚的圆顶硬呢帽。两幅画中出现的帽子，只有球童的便帽生命力最为长久——高顶礼帽和圆顶硬呢帽并不实用，它们的存在更多是为了体现戴帽者的身份地位。1850 年后，软呢大檐帽（多为粗花呢材质）取代了高顶礼帽和圆顶硬呢帽。据 1898 年的《缝纫与裁剪》报道："高尔夫球帽大受欢迎，帽冠的尺寸不断增大，如今饱满的帽冠已经完全覆盖住帽檐。" 1927 年威尔士亲王戴高尔夫帽亮相，引爆了这款帽子且经久不衰。

据说苏格兰玛丽女王（Mary Queen of Scots）也是高尔夫球的狂热爱好者，这可能只是爱国主义催生的传言，但 19 世纪早期的苏格兰高尔夫球俱乐部中确实存在女性成员。1885 年的《潘趣》漫画中，一位女性高尔夫球手戴着猎鹿帽。猎鹿帽作为运动装和乡村服饰都堪称时尚。但是，由于夏洛克·福尔摩斯在旅行和冒险中始终猎鹿帽不离身，这种帽子很容易让人联想到追捕和狩猎。高尔夫运动节奏悠闲，人们有着充足的时间去展示各种时尚装扮。1900 年，身着衬衫、短裙，头戴时尚平顶硬草帽的"吉布森"女高尔夫球手击败了头戴软帽的羞怯青年。在这些装束无可挑剔的女孩面前，那些倒霉的男性根本不是对手。

辛纳特拉说："角度即态度。"吉布森女孩斜戴帽子，释放出挑逗的气息。然而，有这样一款帽子，角度是它存在的根本，但却不会因此显露出任何挑逗的痕迹，这就是棒球帽。纽约灯笼裤队和波士顿红袜队等早期的棒球俱乐部，都是以服装作为队名的，这也体现了服饰的重要性。然而，面对运动帽公司纽亦华（New Era）如今每年（面向非运动员）2000 万顶棒球帽的销量，灯笼裤当年的火爆便是小巫见大巫。

纽约灯笼裤队 1849 年的第一顶队帽实际上是草帽，现代圆顶棒球帽是由一支来自布鲁克林的球队发明的。1900 年，人们在原帽的基础上增加了遮阳帽檐和顶部的纽扣。纽亦华为国家棒球队提供运动帽的历史长达85年，他们制定了制作优质便帽的22个步骤。球迷在挑选便帽时有众多选择，洋基队的队帽超过200多款，红袜队的也多达175款。如今，便帽的主要作用在于区分球队，但最初它是用来保护头部和眼睛免受夏季阳光伤害的。

便帽上的绣字或装饰是城市的标志，戴在总统和电影明星头上就成了国家的象征，被信仰和崇拜时就成为传奇。20世纪30年代，贝比·鲁斯（Babe Ruth）戴过一顶八片式的棒球帽。1997年，这顶便帽被一位投手以35000美元的价格购得。在当时，这顶帽子不符合比赛着装要求，球队经理没有同意贝比戴着它上场——最后输掉了比赛。有些球员坚持戴同一顶便帽，无论它脏成什么样子，也不乏一些球员因戴帽的角度奇怪而被人们熟知。与板球不同，棒球运动从最初就强制要求戴帽——尽管最初的帽子造型不尽相同。

▲〔127〕马萨诸塞州棒球队，美国，1909

马萨诸塞州棒球俱乐部 1909 年的明信片中〔127〕，最引人关注的就是不统一的帽子，帽檐宽窄不同的毡帽，新旧程度不一的费多拉帽，还有人戴着草帽、硕大的软布帽和小尺寸的大檐帽。照片中，身穿工装的球员在简陋的场地上摆着造型，配上背面那些质朴笨拙却不失真挚的留言，让人不禁动容。在大约 30 年后，三位身形挺拔的年轻人拍下了一张截然不同的照片〔128〕——他们穿戴统一的衬衫、灯笼裤和遮阳帽，帽子的角度各自略有不同——预示了人们挣脱主流、追求个性的趋势。

▶〔128〕三位棒球选手，美国，约 1940

人们为什么经常会将便帽反戴？麦克道威尔对此的解释是，棒球是全国性的运动，棒球帽"是在民主国度里阶级痕迹消除的象征"。它们价格低廉同时具有象征意义，是团结广大民众的绝佳选择，但20世纪50年代，它重又退化成为声望、名誉的标志。在20世纪60年代早期那段重要时间里【译者注：20世纪60年代早期美国爆发了黑人民权运动】，棒球帽又被赋予了政治含义。激进的白人大学生在与传统保守价值观的斗争中戴起棒球帽，借此表达对美国上流社会特权和贵族"预科"的抗议。反戴帽子，帽子的反主流意味得到了增强，防护功能被放弃，嘲讽了帽子所象征的声望和名誉。都市黑人和西班牙裔移民逐渐戴起棒球帽，棒球帽象征着反抗，也象征着他们与这个他们既不能逃避也不能融入的社会的疏离。从那以后，棒球帽成为新风格音乐、说唱和嘻哈音乐的标志性头饰。帽檐的向后是一种新的前卫，在温布尔登球场反戴帽子甚至成为标准做法。那么，下一代叛逆青年该如何表现反叛？

网球

20世纪90年代初，网球运动员吉姆·考瑞尔（Jim Courier）为了搭配"学院派"造型，第一个在冠军赛中戴了棒球帽。10年后，澳大利亚球员莱顿·休伊特（Lleyton Hewitt）将棒球帽反戴。2003年，安迪·罗迪克（Andy Roddick）重新正戴棒球帽，几乎算是一种挑战。男女运动员如今都会戴束发带和遮阳帽，不过，温网中至今还没出现过女选手反戴帽的情况。

网球起源于中世纪的一种室内活动。"真正的网球"在欧洲君主中间很受欢迎，也造成了至少三位王室成员的死亡。18世纪时，"真正的网球"中戴的是不成体统睡帽，为了舒适还会取下假发。1837年，一位体育作家提出戴帽固然可以接受，但是不戴帽会更好。19世纪70年代，草地网球在英国槌球场上诞生，成为男女皆宜的夏季热门运动。它比槌球更具活力，实际玩起来却也不失闲适优雅。这项运动像社交活动一样汇聚着各色时尚。

坐满观众的球场是表演和展示的绝佳场所，重大网球赛事一直是媒体关注的焦点。因此，对于女性运动员来说，出众的外形虽不似一记好的发球那么实用，却也十分重要。我至今仍对古西·莫兰（Gussy Moran）出战 1949 年温网的那条短裤记忆犹新。那时，运动员可以选择是否戴帽，但草地网球作为户外活动从一开始就受到礼仪的约束——女士必须戴帽出门。乔治·杜·莫里耶 19 世纪 80 年代的画〔129〕中，戴帽的年轻女子正准备反手击球。然而，从照片来看，真实情况并没有杜·莫里耶在画中表现得这样充满活力。现实中，硕大帽子出现的机会远大于大力击球。戴着帽子的漂亮网球女孩在世纪之交的流行影像中占有重要地位——像射箭一样，网球更有利于

AMENITIES OF THE TENNIS-LAWN.　　　　　　　　　　　　　1883.

▲〔129〕乔治·杜·莫里耶，《网球比赛》，伦敦，约 1880

展现女性的风采。1890 年的一本杂志描绘了未经美化的网球女孩形象——身着荷边短裙，"头顶的蓝色法兰绒板球帽用黑色的别针固定着"，杂志认为她的"形象显得很不协调"。但如果是认真参与网球运动，便帽肯定会比用别针固定的平顶硬草帽更合适。

　　20 世纪 20 年代，女子网球赛场上活跃着法国人苏珊·朗格伦（Suzanne Lenglen）和美国人海伦·威尔斯·穆迪（Helen Wills Moody）两位名将。此时，女子比赛已经非常正规，头饰也更趋实用。1930 年的混双运动员照片中，女选手们像朗格伦和穆迪一样戴着束发带和遮阳帽；男选手没有戴帽子〔130〕。战后，古铜肤色成为财富和健康的象征，是置身海滩和滑雪场的证据，帽子逐渐走向衰落。网球运动员蓬乱的头发、古铜的肤色散发

▲〔130〕网球双打，1930

着无尽魅力，穿上白色的高级品牌服装便可化身为时尚模特和媒体追逐的明星——头饰会损害他们的时尚形象。但 1990 年前后，为了减轻阳光直射带来的危害，吉姆·考瑞尔选择戴上棒球帽，莫妮卡·塞莱斯（Monica Seles）也开始戴有檐束发带，戴防护性的便帽和遮阳帽再次成为常态。

网球服在追求简洁实用的同时，其设计也更富创意，有时着实会令人大吃一惊。网球场一直是时尚发声的地方——1920 年朗格伦的低胸裙；1940 年凯瑟琳·赫本（Katherine Hepburn）的短裤；时间更近一些，威廉姆斯姐妹的网球着装风格更是别开生面。然而，无论着装如何令人意外，两人的头饰却始终保持着固定的风格——她们商定，维纳斯戴遮阳帽，塞蕾娜绑束发带。

水上、冰上和雪上运动

前面讨论的一些运动项目也可供人们消遣休闲，但它们的娱乐性在水上运动或船类运动面前可以说逊色很多。平顶硬草帽取代水手们笨重的皮帽，成为 19 世纪最受欢迎的夏季帽装——帽子质地轻盈，价格低廉，造型可爱。男性戴着平顶硬草帽划船，撑篙，扬帆航行；女性则充当美丽的乘客。伦敦附近的泰晤士河上会举行一年一度的皇家亨利赛舟会。1900 年赛舟会的明信片〔131〕上，忙碌的男性占满了画面的前景，背景中，戴着宽边花式女帽的女士们倚靠在舟中。黛西·阿什福德在同一时期创作的小说《年轻的来访者》中，索狄拿先生的竞争对手伯纳德与艾塞尔在河上待了一天。他的帽子"充满运动气息……典雅的方格纹，两侧的帽翼还可以下拉"——显然是一顶不错的猎鹿帽。艾塞尔心怀浪漫的憧憬，"给帽子配上红色玫瑰，煞是可爱"。如预期那样，伯纳德向艾塞尔求婚，"神秘的河水轻拍着他们脆弱的小船"，载着两人返回。

▲〔131〕王家亨利赛舟会，1900，英国

　　西奥多·德莱塞的小说《美国悲剧》（1925）中，同样的开端，故事却走向了相反的结局。罗伯塔和情人克莱德相约去划船，满心憧憬的她准备了"一顶精致的灰色丝绸帽，还用粉色和猩红色的樱花进行了精心装饰"。然而浪漫的剧情并没有如期而至，相反，她被克莱德推入湖中淹死。克莱德还将一顶拆掉衬里的崭新平顶硬草帽一同扔到水里，这样，人们会认为帽子的主人也一起被淹死了，身份也无从查证。返回途中他戴了自己的旧帽子，因为不戴帽子无法乘火车。后来事情追查到克莱德这里，经过审问后他被定罪，因为他无法解释为什么当天划船时带着两顶帽子。

　　"钓鱼"是一个具有暗示性意味的词。乔治·莫兰德（George Morland）用画笔描绘了1788年的垂钓者派对〔132〕，场面堪比华多（Watteau）笔下暧昧的乡村节日。同射箭、槌球一样，钓鱼的地点通常景色优美，运动本

▲〔132〕乔治·莫兰德,《垂钓者派对》, 1788

身涉及的肢体活动也很少——因此着装不受拘束。画面中央人物的着装较为休闲,粉色连衣裙搭配来亨草帽,与男伴的圆帽风格统一,勾起人们的田园幻想。男士的布料服装和海狸皮帽子是法国革命者青睐的英式乡村风格;而身着粉色服装的女士可能是玛丽·安托瓦内特,戴着罗斯·贝尔坦设计的帽子在假扮农民。一个世纪后,一张美国明信片上出现了更加粗俗的画面,女士身着粉色裙,头戴时尚精致的娇小帽子,在为头戴康康帽的男士"钓鱼"〔133〕。这些帽子看似是为了应对恶劣天气,但许多画作都暗示它们实则是"诱饵"——就像是女骑手的高顶礼帽。毕竟,很少会有人觉得女

▲〔133〕"愉悦的倒影（垂钓者）"，漫画明信片，美国，约 1890

性的帽子单纯，和男性嬉戏时尤其如此。

　　亨利·雷伯恩（Henry Raeburn）所绘《在达丁斯顿湖滑冰的罗德·沃克牧师》（1795）是最受欢迎的圣诞贺卡配图。沃克牧师划过冰面，紧绷的面孔、冻得发红的鼻头，与黑色海狸帽对比鲜明，令人莫名感到好笑。更有趣的是，他还将帽子拉得较平时更低——通常情况下，帽子是扣在头顶的，帽顶不会紧贴到头上。黑色海狸帽与神职人员的身份十分相称，但当与闪亮的溜冰鞋同时出现时，它原有的严肃气场被消解了——这也解释了作为节日贺卡，它为什么会如此受欢迎。

　　滑冰就和在邦德街或第五大道上漫步一样，人们总希望找到可以把握的机会来公开炫耀最新潮的时尚。一张 1885 年的照片〔134〕记录下在纽约中央公园滑冰的一对夫妇，他们称得上是当时的时尚模范。男子头上的高冠圆顶硬呢帽被洗刷得纤尘不染，与无可挑剔的常礼服和闪亮的溜冰鞋相得益

▲〔134〕中央公园的滑冰者，1885

彰。女士正在转体，姿态优雅，头顶的漂亮帽子上蒙着层层叠叠的面纱，这种样式在当时被称为"三层楼和地下室"。两位同样戴圆顶硬呢帽的男性滑冰者在一旁羡慕地打量着这对时尚夫妻。

尽管如此，溜冰鞋上搭配圆顶硬呢帽终究显得有些荒唐，总会让人联想到漫画中的摔跤场景。这可能是因为我们习惯了将圆顶硬呢帽同小丑和银行家联系在一起。柏格森（Bergson）认为，令我们发笑的不是帽子本身，而是由它折射出的"人的任性无常"。总而言之，伴随着体育运动的正规和普及，越来越多的人参与其中，也因此产生了对实用运动帽的需求。确定趋势的通常都是男性，但率先在体育运动中戴男士扁圆帽的却是女性。苏格兰人戴的这种便帽外形与圆形贝雷帽相似，有些是编织而成，但更多的还是采用格子呢，并用羽毛或者绒球进行装饰。帽子收口处有弹性头带，帽冠可以向上、向下或向侧面放置，需要时还可以将它塞进口袋。考虑到苏格兰的恶劣天气，这种帽子不失为理想的出行选择。

厚羊毛帽自然是在寒冷天气里进行高速运动的首选。一直以来，滑雪板都是北方国家的交通工具，19 世纪晚期，滑雪逐渐从娱乐活动演变为体育运动。1900 年前后，一位滑雪的美国女孩〔135〕头戴针织"果冻袋"帽，搭配长裙，这身服装并不适于陡坡滑雪。在体育运动的发展过程中，滑雪服应该是第一款男女同款的运动装——1909 年，一家意大利滑雪俱乐部发布了一份海报，海报中看不出性别的滑雪者穿着毛衣、裤子和扁圆帽自滑道飞驰而下。1931 年，在另一张照片中，一位男子滑雪冠军戴着针织泡泡帽，因其保暖性能好，方便活动，成为男女滑雪者的共同选择。

滑雪运动日益普及的同时，航空运动逐渐兴起。形状酷似钟形帽的飞行员头盔，进一步提升了 20 世纪 20 年代女性滑雪服的时尚感。人们一直戴着羊毛帽、毛皮帽、兜帽或者棒球帽，直到 60 年代，新型合成材料的使用使

▶〔135〕戴针织"果冻袋"帽的女孩，美国，约 1900

得生产色彩更亮的滑雪服成为可能，颜色丰富的针织帽随后出现。20 世纪后期，滑雪板的材料和形状不断更新换代，每次革新都推动着滑雪这项奥林匹克运动向更快、更具技巧性发展。到了 2000 年，男女滑雪者都开始佩戴头盔，有些人还会在上面安装摄像机。技巧不断规范的同时，服装也趋于同化。

自行车运动和赛车

自行车和赛车最初似乎是刺激、冒险的新奇事物——它们摆脱交通工具的常规性质，摇身一变成为体育运动。19 世纪末期，原始的自行车已经存在了差不多一个世纪。早在 1812 年就出现了有关自行车的雕塑作品，刻画了一位骑在自行车上，头戴高顶礼帽的公子哥。但是直到世纪末，道路状况大为改善，充气轮胎被发明出来以后，自行车才迎来快速发展。19 世纪 90年代，自行车成为深受中产阶级欢迎的运动，尤其受到女性青睐——美国女权主义者苏珊·B. 安东尼（Susan B. Anthony）将它称为"自由机器"。然而，这种自由并不是毫无限制。1890 年，新式女性身着长裙和平顶硬草帽骑车疾驰而下〔136〕，充满活力，但也十分令人揪心。头戴平顶硬草帽脚踏自行车是自由的象征，但是迷人魅力的背后却离不开一堆用于固定的帽针。

阿达·巴林（Ada Ballin）建议女性在骑自行车时"穿布料衣服，戴小

▲〔136〕自行车上的新女性，英国，1890

▲〔137〕"骑车的一对"，漫画明信片，英国，1910

型的毡帽或布帽"。但从 1910 年的一张卡片〔137〕来看，羽毛装饰的扁圆帽虽不像平顶硬草帽那般活泼，但似乎是更好的选择。男士们为诺福克西装搭配的布帽也非常成功。《缝纫和剪裁》指出："布帽几乎出现在所有运动中，在自行车、板球、网球、赛舟、高尔夫运动中都可以看到。平日里还可以用作女性的便帽。"在赫伯特·乔治·威尔斯的《波利先生和他的故事》（1910）中，波利先生在自行车上找到了自由。有一次，他准备骑车出行，妻子为他准备日常戴的棕色毡帽，被他拒绝，"他要戴那顶崭新的高尔夫帽"。

　　第二次世界大战前，男士在娱乐性的骑行活动中一直戴布帽。后来棒球帽取代了布帽，但在城市里，戴特里尔比软毡帽或者圆顶硬呢帽才合乎礼仪，只有跑腿男童才会戴布帽。继扁圆帽、贝雷帽，以及战争期间的头巾之后，女性抛弃了自行车头饰，除非遭遇恶劣天气，她们绝对不会在骑车时戴头饰。女孩们骑在自行车上，无忧无虑，秀发随风飘扬，这种情形一直持续到20世纪50年代头巾开始流行之前。奥黛丽·赫本围着漂亮头巾、载着可爱小狗骑车的形象风靡一时，带动了头巾、狗和自行车的流行。而后骑行头盔出现了。

强制在骑车时戴头盔一事一直备受争议。在像丹麦这样有骑车传统的国家，极少有人佩戴头盔，也极少出现受伤。但丹麦国土面积小而且平坦，自行车已经融入人们的日常生活之中，王室的生活中也离不开自行车。骑车的人受到尊重。20世纪70年代，澳大利亚和加拿大强制推行戴头盔，结果带来了灾难性的后果。受伤率没有降低，人们骑行的热情反而降低了，对人们的健康和自行车的销售带来消极影响。当时的头盔采用聚苯乙烯材料，笨重、透气性差，而且造型丑陋。赫本那般的天真烂漫已经不可能实现，骑车的魅力丧失殆尽。20世纪90年代，新的加工技术使制作复杂、轻便的头盔成为可能，开放的风口也较好地解决了比赛中的出汗问题，加之一些推动佩戴头盔的法规问世，头盔开始为越来越多的人接受，在儿童中间尤其如此。2000年，碳纤维的添加和舒适系统的改善进一步提升了头盔的舒适度，但遗憾的是，头盔的外形依旧没有很大改善。

我们发现了一张1904年的家庭照〔138〕，照片中，阿吉爷爷（great uncle Algy）身着帅气西装和圆顶硬呢帽，正准备开始他的摩托车之旅。他看起来非常紧张，这很容易理解，因为圆顶硬呢帽的保护性并不比便帽好多少。1914年，一些摩托车骑手抵制新发明的头盔，尽管如此，对于摩托车手需要戴防护头盔这一点的争议相比于自行车着实少很多。托马斯·爱德华·劳伦斯（T. E. Lawrence）在摩托车事故中因头部受伤而死亡，引发了他的神经外科医生的反思。他发现很多军事通信员都发生过类似事故，便开展了相关研究，研究成果推动了安全帽在军事和民用领域的推广乃至强制使

▲〔138〕骑摩托车的阿吉爷爷，英国，约 1904

用。20 世纪 60 年代的头盔结构包括玻璃纤维外壳和软木内层。现在，制作头盔多使用抗冲击塑料和凯夫拉碳纤维。在早期头盔的设计中，面部是开放的，重点保护头骨；后来的设计中引入翻盖式挡板，实现了全面防护。

飞机成为交通工具后，航空工业在飞行器和制服的设计上并无先例可循。相比之下，汽车的发展就幸运很多，内燃机取代马匹以后，很明显是要担负起"拉"车的工作，因此早期汽车的车身便是从马车演变而来。马车夫戴高顶礼帽和圆顶硬呢帽，而对于女性而言，乘坐马车是展示时装的绝佳机会。但考虑到当时的汽车驾驶室不是封闭的，在满是尘土的道路上以每小时 24 英里（约 38.62 千米）的速度行驶，如何选择合适的帽子成了摆在人们面前的难题。司机和乘客应当如何穿戴？

从 1909 年的一张法国明信片〔139〕判断，男性驾驶员的选择主要有两种——邮差、铁路和公交员工戴的军事风大檐帽和软布便帽。这两种帽子成为司机的标准服装，后来考虑到主人和司机身份有别，布帽成了最终的选择。1908 年出版的经典童书《柳林风声》中，粗俗吵闹的蟾蜍先生在驾驶他昂贵的玩具车时，戴了一顶硕大的方格纹帽。在蟾蜍的敞篷车中，稳定的布帽更加实用，但对女性来说，帽子却成为大麻烦。汽车普及的同时，女帽的尺寸还在不断增大。乘车离不开时尚的帽子，但这些帽子价格昂贵，而且极易损坏，一不小心还会被吹飞。因此，女性在戴帽时会搭配面纱，一方面是为了固定帽子，一方面也起到保护作用。20 世纪 20 年代，汽车的驾驶室开始变为封闭式，但是富有运动活力的敞篷汽车也从未停止发展。

除了高顶礼帽以外，男士运动帽的发展总体上一直十分顺利。女性运动

▲〔139〕"驾驶汽车的人"，明信片，法国，1909

帽却一路坎坷，直到 20 世纪，许多体育运动都还是专属于中产以上阶层的
休闲活动，服装的选择取决于活动的地点——公共场所、公务场合，家中或
家附近的社交空间。服装要同时满足礼仪、得体、时尚和运动的需要，女性
穿着男性服装，总会引发公众的不安、反对和嘲讽。如今，健康和安全已然
超越时尚成为运动中优先考虑的因素。存在风险的项目都会要求戴头盔，不
分性别，安全为先。男帽和女帽的发展遵循不同的轨迹，当两者出现交叉时，
人们的反应是矛盾的——运动帽就是一个例子。头盔的必要性毋庸置疑，但
它无法勾起人们的兴趣。毕竟参与体育运动，一半的乐趣在于拥有一套高档
的运动装备。很多人都会有这种感觉，买下一身好的运动装，就感觉似乎具
备了出众的运动技能。就如一位女士在 1894 年写下的短诗："我深谙定制
帽的装饰之道，帽檐、帽冠和机器缝制的帽带，尽管我没有汽车，外套没
有衬里，也没有护目镜——可我戴着便帽。"

Chapter VIII

时尚帽子

　　1959 年，我乘出租车前往一家艺术院校参加面试。为了这次面试，妈妈特意为我买了一顶蓝色的布列塔尼草帽。但是在车上，我告诉焦虑的妈妈我不会戴这顶帽子。她仍坚持认为面试时需要一顶帽子。可冥冥之中，我仿佛听到一个声音在说帽子已经"落伍"，在艺术院校中肯定如此，所以，最终我没有听从妈妈的建议。1780 年前后，罗斯·贝尔坦为玛丽·安托瓦内特王后设计的时尚帽子揭开了帽子发展的序幕。我属于 1960 年前后的典型年轻女性——我们拒绝戴帽子，从而终结了帽子的演进。这段黄金时期对帽匠而言意味着什么？女性时装帽经历了怎样的发展历程？发展的走向受到哪些因素影响？曾经不可或缺的帽子是否确已终结？是否有替代物正在悄然出现？

时 尚

我们经常将"服装"和"时尚"作为同义词使用，但服装是物质的，而时尚则是一种理念，它可能符合时代潮流的理念，也可能会滞后于时代的发展，就好像我那顶 1959 年的帽子。可可·香奈儿说："时尚不仅在于着装……时尚无处不在……与观念有关，是我们的生活方式。"那顶布列塔尼帽是受到 1958 年的电影《琪琪》启发，戴它参加面试是为了体现对面试的重视，而且当时是夏天，它也能够起到防护作用。可是，很可惜，当时兴起的时尚是不戴帽。

戴帽者很清楚自己的帽子是否时尚。弗洛拉·汤普森的作品《雀起乡到烛镇》中，1889 年，生活在牛津郡农村地区的女士们就已经知道，高顶窄檐的帽子已经"过时"了，宽檐低冠当下正"流行"。"这些女性觉得，烟囱管帽曾盛极一时，但是你不会看到谁戴着它去厕所。"几年之内，帽檐越来越宽，戴帽子去厕所变得很不方便。一位女士就感叹："帽子真的是过时了。"时尚的变迁反映了经济、社会的变化。人们在费时费力追求时尚的同时，也从未停止对时尚的挑剔、指责。《风行》杂志的编辑安娜·温图尔（Anna Wintour）指出，"时尚有些时候着实令人无奈"——时尚的产生依靠广泛的宣传，却又作为高端产品出售，满足小众的消费。时装帽尤其令人不安，它们最引人注目，同时又最没有定性，因此也被视为女性气质的极致体现。但它们的存在驱动人们不断探寻新的创意和细节。正如贾尔斯·利波维茨基所说："时尚的永恒舞台上一直上演着转瞬即逝的变形记。"

时尚总在不断推陈出新，但它的演进其实仍有迹可循。在讨论"人类服饰"时，昆汀·贝尔（Quentin Bell）认为，13 世纪时，时尚的概念就已经在欧洲活跃，"从那时起，时尚的更新不断加速，到如今，它的变化速度已十分惊人"。关于时尚的起源地，一些说法中提到了具体的地点——例如 15

世纪的勃艮第或 19 世纪的英国。在罗斯·贝尔坦之前时装帽肯定就已经存在了，但是以男帽为主。在凡·艾克（Van Eyck）1435 年所作的肖像画中，阿尔诺芬尼（Arnolfini）头上的黑色帽子戴起来十分别扭，其原因恐怕只能用时尚来解释。贝尔认为，清教徒革命和法国革命两个政治事件塑造了新的时尚。我认为时尚女帽产生于 1789 年前的数年间，看似坚定地自成一体，实则深受环境影响。

购 物

我接下来要关注的是消费习惯如何影响帽子时尚，又何以带来如今帽子市场的繁荣。随着大众消费的衰落，帽子的设计逐渐转入艺术领域。帽子是消费品，人们购买帽子满足感官的需求。只有在人们产生对时装帽的需求时，帽子才会有市场。而想要激起人们的购买欲（并从中获利），就必须有人对帽子进行展示、买卖及穿戴。时装帽预设了它们的销售者、购买者和可能现身的场合。这些元素变化，帽子也会随之变化。直到 18 世纪，男士仍是公共场合消费的主力军，买到的商品可以在家中再做修饰。在伦敦市和巴黎皇宫地区，商店的店面普遍不大且主要面向男性。贾尔斯·摩尔（Giles Moore）是 17 世纪英国的一位乡村教区长。他每年都会多次到伦敦为家人添置衣服，但 20 年间，他携妻子一同前往的次数仅有两次。根据社会史学家玛克辛·伯格（Maxine Berg）的描述，在 18 世纪末期的法国和英国，"快速壮大的中产阶级对时尚、现代、独立、多样和选择有着强烈的渴望，它们追求新产品的步伐从未停止……享受购物体验的乐趣"。1750 年，英国绝大部分人口生活在农村，到了 1830 年，城市人口比例上升到 50%。随着交通和道路条件改善，女性在城镇中的出行自由度进一步增大。

据社会史学家艾米·埃里克森统计，18 世纪上半叶，伦敦从事女装相关工作的女性有 336 位，45 家女性裁缝店铺加入了当地的行会。当时，女装的概念涵盖丝带、蕾丝、手套、裙装及帽子。尽管文学作品中将这一职业描述得有失体面，不少从业者沦为性工作者，但事实上女装行业的确是女性体面就业的重要出口。它为人们提供了创业的机会（假设资金为 400—500 英镑，相当于今天约 60000 英镑）。跟随优秀女装设计师做学徒费用昂贵（50 英镑，约合今天的 6000 英镑），但对年轻女性来说还是具有很高的性价比。据说，1803 年，伦敦牛津街上就有多达 153 家商店生产各类时尚服饰，满足人们的不同需求。随后巴斯等地区也开始出现类似的店铺。在简·奥斯汀（Jane Austen）的《诺桑觉寺》（约 1797）中，伊莎贝拉·索普在巴斯逛街时，发现了曾在米尔森街橱窗中看到的一顶"虞美人色丝带"装饰的帽子，心动不已。小店店主到伦敦购进商品，寻找灵感，流动小贩则将帽坯和帽饰带到了乡村地区。 逛街和购买时尚商品如今已经成为女性文化和日常生活的一部分。随着收入的提高，产品升级，以及二手市场的兴起，玛克辛·伯格口中的"轻奢品"（高级商品的平价版）如今已经进入各个阶层的消费能力范围。购物让女性走出家门，走上街道；购物是她们观察和评价他人外形的场所，同时，她们自己也成为被观察、评价的对象。伯格说，购物街成为购买和展示新意的舞台。女性着装开始变得重要，头饰作为其中最为引人注目的组成部分，其重要性进一步凸显。帽子设计师弗雷德里克·威利斯说："女帽设计想成功，关键要做到引人注目。"

巴黎的帽子革命

如今，除了独立的帽子店以外，还出现了销售帽饰的女帽商，人们在商店无法覆盖的区域，建立起了分销系统。18 世纪早期，伦敦的经济和城市扩张速度惊人，但是海峡对面的法国文化和时尚仍然统治着欧洲，如艾琳·

里贝罗所言："任何以文化自许的宫廷都无法忽视法国文化。"法国的时尚起源于宫廷，而英国的时尚则植根于乡村田园，宫廷时尚反倒是一片空白。根据里贝罗的说法，来自法国的影响令英国人感到不安——他们不喜欢法国的政治信仰。他们认为朴素的资产阶级风格才是良好品位的体现，但也不否认巴黎仍把持着高级时装的"钥匙"。

18世纪，巴黎修建了林荫大道和拱廊。路易十四统治期间，这些建筑取代了中世纪的街道；奥尔良公爵在皇宫中设立商店，出售（至今仍在出售）时尚配饰。变化展开之时，革命爆发了。这位主张平等的公爵踏出了时尚商业化进程中的激进一步。利波维茨基认为："时尚与反主流的声音总是紧密相连，它既是社会优越性的标志，同时也是民主革命的特使。"时尚的角逐不在于贫富或是体量，关键在于新意。18世纪80年代的时装帽大放光彩，它们产生于宫廷，但很快进入寻常百姓商店。这些帽子无疑可以纳入利波维茨基所定义的"炫耀性展示"之列——这是"一场追求外形均衡的运动"，并演变成为一场革命。

然而，矛盾的是，精英女性脱下紧身胸衣和织锦裙，换上柔软朴素衣物的同时，她们的帽子却愈发夸张。社会学家乔治·齐美尔（Georg Simmel）对"服装"和"时尚"两个概念进行了辨析，认为服装是由外部特征决定的，朴素的着装体现一种平民倾向。而时尚的产生"根本毫无原因可言……时尚的演变乐于无视并突破规范"。1780年出现了一款名为"自由的胜利"的头饰，其疯狂程度空前绝后，帽子如一艘满帆的船行驶在高耸的发髻上〔140〕。尽管很多版画作品中都出现了类似奇思妙想的头饰，还是很难相信会有人顶着这种造型。"自由的胜利"这一标题显得十分荒诞，因为这样的帽子恐怕只会带来束缚——但从设计的角度讲，它给人留下了深刻的印象，是极富创意的佳作。玛丽亚·埃奇沃思的小说《哈林顿》于1817年出版，书中的故

Cœffure à l'Indépendance ou le Triomphe de la liberté

▲〔140〕"自由的胜利"头饰，法国，1780

▲〔141〕伊丽莎白·维基－勒布伦,《玛丽·安托瓦内特》, 1787

事发生在 1780 年，那时埃奇沃思才十几岁，她记得："盘起的发髻上架着金属网纱平台，插满红色的小雏菊，平台中心伸出一束足有一码长的羽毛——有时也会戴无檐帽等其他帽子。"我们从这一时期的肖像画中发现，到了 1780 年，18 世纪 40 年代的简单家居帽演变成了高耸盘发上缎带装饰的无檐帽。

玛丽·安托瓦内特王后的肖像画中，她抛弃拘谨的宫廷服饰，转而接受贝尔坦的田园风格，同时开始简化自己的帽子。随着发型越来越低、越来越柔软，帽子也开始发生同样的变化，维基－勒布伦 1787 年为王后所作画像〔141〕中对此就有体现。坐在孩子们身边的王后打扮非常居家，她在室内戴的无檐帽更像是便帽，而羽毛的装饰则增加了她的威严。如里贝罗所说，贝尔坦的成功主要在于"为她的宫廷客户设计了有趣且流行的服饰"。她为国王接种疫苗特意制作了一顶帽子，王后的帽子可能是为了体现光辉的母性——母性是 18 世纪晚期"感性"概念的重要组成部分。

作为御用时尚设计师，贝尔坦同玛丽·安托瓦内特的关系一直持续了一生。华丽的设计风格为她赢得了知名度，但是影响力最为深远的反倒是朴素的牧羊女帽，这种帽子在维基－勒布伦夫人后来的王后肖像画和自画像〔84〕中都有出现。尽管如此，玛丽王后还是因为在服饰上挥霍无度而声名狼藉。在雅克－路易·大卫所绘的讽刺漫画中，玛丽王后前往刑场的场景中还出现了这些帽子，漫画以此对她的铺张奢华进行辛辣的讽刺。

巴黎帽

拥有巨大影响力的法国宫廷注重时尚，更为重要的是，城市中产阶级市场不断壮大，这一切为贝尔坦创作巴黎帽打下了坚实基础。巴黎帽本质上是对基本帽型的再创造，这种帽子可以利用设计师选定的任何材料进行加工和再造型。它们满足了人们对帽子的幻想，每个人都迫切想要拥有这样一顶帽子，即使一夜之间它就可能会被另外一顶取代。贝尔坦推动了便帽的发展，但是真正给时尚界带来深远影响的，是她设计的各类普通帽子和系带软帽。从她手中诞生了众多人们熟知的风格作品，她也成为蜚声海内外的艺术家。

即使在战时，新的时尚也在通过时尚玩偶和杂志的方式快速传播。1804至1809年的《女士每月博览》展示了一批较小的帽子。每款帽子都有自己的名字。1804年的朴素草帽被叫作"错误"，丁香色纱帽则命名"保守"，命名的原则并不清楚。然而，对一顶1806年的帽子来说，"错误"这个名字却是实至名归。17世纪有一种被称为篷形头巾的头饰，是将防护性的丝质兜帽罩在藤条或鲸须制成的框架上制成。系带软帽就是从这种头饰演变而来，它与帽子的不同之处在于帽冠软、帽檐硬。帽檐从篷形结构的前沿伸出，掩住面庞和头发，用丝带系在下巴下，系带软帽围拢在脸部周围，帽冠下沉。普通的帽子戴在头顶，使用别针固定；戴系带软帽时则要从后向前，将后面的头发收拢在一起。

其实，人们对简约的乡村风格依旧念念不忘，越来越多的人重拾花草装饰的圆草帽或粗草帽。1804年6月版的《女士每月博览》就展示了一顶"玫瑰装饰的前沿上卷的粗草帽"，1809年12月刊更是重点推荐了"插着小枝天竺葵"〔142〕的草编系带软帽。简·奥斯汀的小说中也在一些章节谈及服装，她的文字中经常夹杂着一些有趣的评论。她在1799年写道："这里十分流行佩戴花朵，水果则更为常见……葡萄、樱桃、梅子……我在杂货店还见到杏仁、葡萄干……不过还没见过有人把它们装饰在帽子上。"在一家店里她"只发现了花朵做成的装饰品……没有水果……我不禁想，从头上长出花朵要比结出水果自然得多"。她在倾诉对一顶紫色丝带草帽的狂热时突然停了下来："上天不允许我纵容自己去做进一步的解释"，之所以这样说，可能是想到了在自己的小说中，女帽往往只会让那些肤浅之徒兴奋。1796年小

▲〔142〕《女士每月博览》中的普通帽子和系带软帽，伦敦，1804（左）/1809（右）

说《傲慢与偏见》中的莉迪亚·班纳特买了一顶新的系带软帽，嚷着要"把它拆开来……看能不能把它做得更好……待我找些彩色的缎带来装饰一下，我觉得，这样它也就看得过去了"——考虑到家中的拮据，这次消费真是不明智。

浪漫的奢华

埃莉诺是范妮·伯尼1814年作品中的女主人公，她就十分看不惯在服饰上吹毛求疵："错放了一根羽毛或者一朵花，好像就成了什么了不得的事情。"而法国哲学家罗兰·巴特（Roland Barthes）则认为，时尚的关键正在于细节，也正是细节指引了未来。不知是什么原因，也许是战争的结束，浪漫主义的兴盛，抑或摄政时期的奢华，从1815年开始，时尚开始着重关注人体的上半部，帽子的细节开始急剧增加。发型变得繁复，袖子鼓起，蕾丝领子越来越大，帽子在英法两国蓬勃发展。在1816年的一次巴黎之行中，收入微薄的女学者玛丽·贝里（Mary Berry）相中了一顶"白色绉纱和锦缎材质、手工花装饰"的帽子，并花2基尼（相当于今天的136英镑）买下了它。

女帽设计师进入了上流社会，而且这些人必须是法国人。以赫伯特夫人（Mme. Herbault）为例，她是1818至1840年伦敦和巴黎最为杰出的设计师。她们的作品天马行空，1830年法国时装插画〔143〕中的系带软帽夸张到了极致。在狄更斯的小说《尼古拉斯·尼克贝》（1838）中，尼克贝夫人想到一位女帽帽匠，她在交付那顶精致的系带软帽时坐在"自己的马车里……充分说明了帽匠们宽裕的经济状况"。玛丽亚·埃奇沃思小说《海伦》（1834）中，痴迷时尚的塞西莉亚宣称："名字就是全部！你的系带软帽是不是出自杰出的时尚设计师之手？如果是，那就完全没问题……昨天，卡特里娜夫人问伊斯达尔小姐从哪里买了那顶漂亮的帽子，那个可怜的女孩花容失色。'真

的，她不知道；她只知道帽子很便宜。'
你会发现，此后人们便再也容不下那
顶帽子……戴帽子不是为了修饰外在
形象，而是为了体现出众的气质。"

小说家们经常嘲讽塞西莉亚这样
的女孩，尽管他们深以描写帽子为乐。
谈到刻画时装帽，没有哪部作品可以同
乔治·艾略特的《弗洛斯河上的磨坊》
（1860）相媲美。在小说故事发生的
19 世纪 30 年代，头饰普遍是高冠宽边
的精巧帽子。由于失去了戴便帽的空
间，帽檐下增加了象征性的褶皱，以
此增加层次感。女主角玛吉·图利弗
被姨妈普莱特太太的新系带软帽深深
吸引，如同哥特小说一样，隐藏在黑

PARIS WALKING DRESS.
La Belle Assemblée, Jan.d 1830.

▲〔143〕法式系带软帽，约 1830

暗房间里的系带软帽逐渐揭开面纱。图利弗夫人倒吸一口气："好吧，姐姐，
我再也不会反对高顶帽了！"普莱特太太戴上系带软帽，然后慢慢地转过身
来："妹妹，有时候我觉得左边一圈丝带太多了。"……说着开始慢慢地调
整帽饰……"我可能永远没机会戴第二次了……谁知道又会有谁过世，就像
我那顶绿色缎面系带软帽一样……一顶系带软帽，戴上两年，是从来没有的
事情，特别是如今帽冠的更新这么频繁。"……她哭着说："妹妹，可能要
等到我死的时候你才能再见到这顶帽子，你会记得我今天给你展示过！"

姨妈普莱特泪流满面，她担心为了服丧她不得不推迟展示她的新系带软
帽，到那时说不定帽子就已经过时了。她的系带软帽可能是 18 世纪 30 年代

▲〔144〕系带软帽,《希斯的美丽之书》中名为"道别"的帽子,约 1830—1840 年

中期流行的法国款式，帽冠一直在频繁变化。宽大的帽檐上挑，缀满装饰的帽冠接近垂直，有些则是长长的，呈水平状态〔144〕。场景有些搞笑，但却有真情实感，艾略特深知人们为了帽子会怎样失魂落魄。

少女的朴素

狄更斯的小说还原了早期的维多利亚时期，作品中尤其喜欢用帽子做文章。在《尼古拉斯·尼克贝》中，神童小姐有一顶"配有绿色面纱的粉色纱质系带软帽"，搭配得极其诡异。斯内夫里奇小姐与尼古拉斯打情骂俏时"隔着长长的煤斗帽檐"——煤斗帽是一种夸张的波克罩帽。然而，最引人注目的是性格泼辣的范妮·斯基尔斯，她头戴"白色平纹细布系带软帽，帽子内侧插着一朵绽放的锦缎玫瑰……帽子上的缎面小玫瑰想来应该是自那枝大玫瑰生发出来的"。但范妮的性格毁了这顶系带软帽。狄更斯未能免俗，从道德角度对此做出了评价——像范妮这样轻佻的女性，戴上时髦的头饰也只会招人耻笑；而如小杜丽这般的端庄女性，即使戴着"旧系带软帽"，传递出的也是美德。

乔治·艾略特在她的小说中重现了许多精彩的系带软帽，但在 19 世纪30 年代后期，年纪尚轻的她所戴的系带软帽都很朴素。1837 年维多利亚女王登基，对服装有着浓厚兴趣的她却似乎抑制了女帽的发展；反而是男帽逐渐走向蓬勃兴盛，当时男性头顶的"烟囱"高顶礼帽就如它的名字指示的那般高耸。19 世纪 40 年代，系带软帽开始走向萧条，服装史学家维莱特·坎宁顿说："系带软帽是这个时代的基调，是温柔和端庄的完美象征。突出的如翅膀的帽檐为羞赧的戴帽人挡住了无礼的注目，同时也制止了向外的窥视……戴帽人只享有正面的狭窄视野。"〔145〕帽子上的装饰随着发丝转移到帽檐下；后面的褶边更显示戴帽者的端庄气质。在政治动荡的 1848

PARIS ÉLÉGANT,

Rue Taitbout, 9.

Chale de pluche glacé de M.ᵐᵉ Hermel Robe de M.ᵐᵉ Henry. Chapeau de velours épinglé de M.ᵐᵉ Gally. Redingotte et pantalon de Lacroix.

5 9ᵇʳᵉ 1838.

▲〔145〕高顶礼帽和收拢型系带软帽，法国，1838

年——革命之年，时尚或许也决定保持低调。

安妮·霍兰德发现，"文学作品中，专注于时尚的女性永远做不到绝对忠诚，而真正的贤惠女性着装通常不够时尚"。小杜丽是"好人"，因此，她的系带软帽并不时尚。萨克雷的描绘则更为微妙，大家都反感《名利场》中的贝基·夏普，她对自己的小儿子不闻不问，"整日戴着崭新的系带软帽招摇……上面插着盛开的花朵，或是飘扬着卷曲的鸵鸟羽毛"。她在拜访虔诚的简夫人时"身着黑色系带软帽和披风"，装束整洁，俨然是一位端庄的夫人。简夫人怎会料到眼前人即将背叛自己？

发型和头饰

发型的改变通常是引起头饰变化的关键原因，发型在 19 世纪中叶变得尤为重要。19 世纪的系带软帽贴合长发的线条，但是随着蓬松的齐耳发型出现，帽檐拓宽成椭圆形。为了照顾颈后的盘发，戴帽的位置也愈发向后。帽檐越来越宽，人们不禁担心戴帽人的脸会完全被遮住，但是配合发型的变化，戴帽位置也不断后推，人们担心的情况并没有发生——即便如此，看起来仍显得过于保守和庄重。两边的头发从中间的分界线上卷，将帽檐撑起，系带软帽便不会贴着额头，还在帽檐和头之间隔出空间，可以用来填充花草枝叶。背面的褶边会更显端庄。宽大的帽檐收拢在脸旁，与身上的衬裙笼撑相得益彰，尽显女性的柔美、丰腴与温顺。

系带软帽作为日常着装也依旧得体，就如同出现在海边和乡村的圆形草帽。但是随着 19 世纪 60 年代假发的兴起，克里诺林裙开始向身后延伸，系带软帽的佩戴位置上移的同时，尺寸也逐渐变小，同便帽已经没有区别，最终索性直接变成一种精致的环形，这就诞生了所谓的发网系带软帽。这种头饰需要借助其他工具才能固定在发尾。此时的发型较之前的盘发高度已

▲〔146〕"那一时期的放荡抽烟女孩"，
伦敦，1869

经有所降低。系带软帽上随风飘动的丝带叫作"年轻人，来追我"，而时尚的裙撑更显得妩媚多情。为了平衡衬裙向后的扩张，头饰开始向前额倾斜。这种被称为"多丽·瓦登"的风格在"那个时期的女孩"系列中得到了生动诠释。保守主义记者伊丽莎·琳恩·林顿在文章中创造的女性形象大多头戴华丽夸张的帽子，披着假发，身穿蓬起的垫臀裙撑。这样的形象虽是嘲讽却也引领了时尚风向〔146〕，迎合了1869年的大众出版物的口味，回顾起来，也带有些许女权主义者的意味。

巴黎：面纱和帽饰

人们在使用"帽子"（hat）这个词时通常都涵盖了系带软帽（bonnet）。对1851年《女伴》的时尚编辑来说，尽管样片中都是草编系带软帽，但她把所有这些都叫"帽子"。她觉得，在服丧或者下午聚会中戴这些帽子完全没有问题，无论是精致的瑞典草帽、托斯卡纳草帽，还是粗织品，都是不错的选择。巴黎始终是女帽的中心。安东尼·特罗洛普的小说《索恩医生》（1858）中，索恩医生问玛丽如果有了钱想要做什么（此时只有他知道玛丽是继承人），玛丽回答说她会"到巴黎买一顶法式系带软帽……

因为英国人做不出那种质感"。玛丽让他猜一顶系带软帽的价格，索恩医生猜 1 英镑。玛丽大笑："叔叔，要 100 法郎呢"——4 英镑（合如今的 350 英镑），而她自己在家修剪的帽子只需要 "5 先令 9 便士"（合如今的 25 镑）。当索恩医生宣布 "你可以买法国的系带软帽" 时，玛丽拒绝了，说自己只是在开玩笑："你不会认为我真的想要这些东西吧？" 一句话重新树立起 "好女孩" 的形象。系带软帽当然只是一个考验，玛丽拒绝了奢华的诱惑，证明自己有资格享有继承权，也配得上一位上流社会的丈夫。

阿诺德·贝内特的《老妇谭》中，索菲亚·贝恩斯和杰拉德私奔到巴黎，品行上无法同玛丽相比。故事发生在 19 世纪 70 年代，小说则成书于 1908 年，相比起特罗洛普，贝内特作品中的说教意味淡化很多。小说中，帽子虽扮演着关键角色，但真正起到催化剂作用的却是一个新的细节——面纱。面纱自帽檐垂下，遮住眼睛，就如同波克罩帽一样，能够帮助戴帽者自如应对他人的暧昧目光。杰拉德 "透过面纱亲吻她时，她冲动地撩开了那层阻隔"。在巴黎，沉浸在婚姻幸福之中的杰拉德 "急切地想欣赏她身穿法国服装的样子"，不顾那些令她瞠目的价格，肆意消费。"她头上戴的精致篷帽，就像是婴儿系带软帽一样。帽子用蓝色丝带系在头上，巨大的蝴蝶结在颔下飘飞，发丝和假发髻刚好可以分别从帽子的前后露出来。" "婴儿系带软帽和巨大的丝带蝴蝶结之间"，她孩子般的面容在波点面纱下隐隐可见。"丝绸、平纹细布、面纱、羽毛、鲜花" 令她应接不暇，但索菲亚知道这些东西意味着什么，她想到了 "一直在这座城市中辛勤工作的女孩"。即将山穷水尽的时候，杰拉德漂亮、端庄的新情妇戴着迷人的面纱出现，终于让她下定决心。索菲亚的骨子里有着中产阶级商人的务实，她离开杰拉德，结束了在巴黎 30 年的光鲜生活，戴着一顶 "靓丽的帽子" 返回英国。

贝内特的小说秉持一贯的社会现实主义。19 世纪末女帽行业的确是女

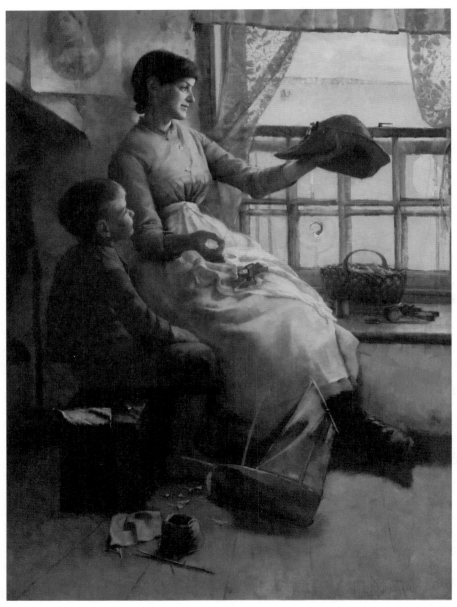

▲〔147〕弗兰克·赖特·布尔迪伦（Frank Wright Bourdillon），周年庆典帽，1888

性就业的主要渠道。根据约翰·多尼的说法，1908 年，伦敦帽子行业的从业女性达到 11000 人。成品帽子不仅内销，同时对外出口——在法国，多达 60% 的草帽是从英国进口的。直到 20 世纪 20 年代，艾格·萨罗普都还记得在哥本哈根商场的储藏室中，曾看到印有"卢顿"字样的帽盒。

女性也会对自己的头饰进行修整。索菲亚·贝恩斯和玛丽·索恩自己装饰自己的系带软帽，维多利亚女王也劝导身边的贵族夫人们自己动手，对服装进行改进〔147〕。维多利亚时期，即使最不在意时尚的女性每季至少也要购买四顶帽子；衣着考究的女性购买的帽子数量多达十五顶——如果都以成品计，这将是一笔很大的开支。随着帽子的修整和装饰得到越来越多的重视，巴黎、伦敦以外的城镇中，绸布商和缝纫用品商开始出售丝带、面纱、羽毛和装饰用花。出版物中也会提供一些实用的建议："野花、杂草……木樨草和玫瑰，在外围成束，在内侧搭配围拢面部的花环。"可以想见，如此滥用植物花草难免会带来一些糟糕的后果。所以，后来在夏洛蒂·勃朗特 1849 年的小说《谢利》中，卡罗琳·赫尔斯通会毫无感情地说："库克自己'修剪'了帽子。"

帽子和羽毛

便帽和系带软帽的形象一度过于生活化，人们习惯性地将它们与家庭主妇联系在一起。在 19 世纪下半叶，帽子取代系带软帽成为时尚女性的选择。圆形草帽是艾米莉亚·布鲁姆（Amelia Bloomer）为灯笼裤选择的配饰，它是"前卫"风格的标志——尤其是在你头发松散时。时尚的发展中，那些最初被视为冒险、反主流的元素最终成为典范；19 世纪 80 年代，系带软帽失宠，被归入老气、保守的行列。最鼎盛的时候，时装帽上装饰堆叠〔148〕，标志着女性摆脱了朴素着装的传统桎梏。"年轻女性将帽子视作解

▲〔148〕"三层楼和地下室"帽，约 1886（左）；〔149〕海茨·博耶夫人（Madame Heitz Boyer），系带软帽，约 1880（右）

放的象征。"女性戴着帽子出入各类她们认为重要的公共场所，如茶室、餐厅、酒店，以及大型商场这样的购物天堂。在亨利·詹姆斯小说《卡萨马西玛公主》（1886）中，米莉森特·亨宁从贫民窟女孩成长为商场的售货员，社会地位得到了很大提升。她头上的帽子堪称"花和丝带的绝妙搭配"，充分体现出社会身份的变化。在 19 世纪早期，抛开军事用途，男帽已经不再具备装饰功能，帽子的发展完全取决于社会习惯和防护需要；但 19 世纪 90

年代，女性时装帽上的无用装饰却令人眼花缭乱——草、苔藓、蕾丝和丝带以外，还出现了整只的小鸟、昆虫和小动物〔149〕，简直可以构成一个微型的生态群。

为了满足"女帽行业的残忍"需求，每年需要进口 2000 万至 3000 万只死去的鸟。儿童帽也未能幸免。在詹姆斯的小说《梅奇知道什么》（1897）中，遭遇父母离异的小姑娘梅奇总是一刻不停地在动，反复地将帽子摘下、戴上。一天，梅奇正准备和女教师出门，这时，她时尚的继母抱着一个来自巴黎的盒子走了过来。继母不屑地瞥了一眼女教师的帽子，然后转向梅奇，"小宝贝，我为你准备了精美的礼物……可爱的帽子……我记得"，她看着继女头上的帽子点了点头，"我买的这顶帽子，用了孔雀胸前的羽毛做装饰。这种蓝色最显气质！"梅奇后退了两步："太奇怪了，关于孔雀的……这种对话。"孩子可能并不知晓动物保护主义者的言论，但是詹姆斯传递出了梅奇面对帽子时的不安，她感觉到对方正在收买自己。这样的帽子戴在孩子头上，它的粗俗野蛮便暴露无遗。《雀起乡到烛镇》（1939—1943）中，劳拉的妈妈见到两姐妹的帽子勃然大怒："'真气派！你怎么没用羽毛！'劳拉戴着顶粉色丝带装饰的朴素白色粗草帽，与她们的华丽帽子形成巨大反差。"

相比于浮夸的"三层楼和地下室"帽，19 世纪 80 年代女性的审美趣味更偏向于"庚斯博罗"风格。18 世纪肖像启发下制作的硕大羽饰帽预示着大型帽子的 10 年即将到来。尽管受到动物保护运动影响，但 19 世纪末至 20 世纪初的帽子直径还是达到数英尺，帽子上的羽饰也是空前繁复。在 19 世纪 90 年代，从南非收集的鸵鸟羽毛替代了价格昂贵的鹮鸟羽毛——不同的是，鸵鸟毛可以从活鸟身体上直接采集，不会对鸟类造成伤害。羽毛具有一种无可替代的奢华美，戴帽者通过它们来吸引别人的注意力〔150〕。羽

The latest Fashion

◀〔150〕"最新时尚",英国,
约 1890 年

毛产量的增长和羽毛头饰的流行如同鸡和蛋,很难分清因果。那一时期的时尚批评人士认为:"如果你想时尚地度过这个冬天,羽毛头饰不可或缺。"1912年,也就是羽毛行业崩溃的前期,从南非运出的羽毛价值高达260万英镑(约合如今的 2 亿 6000 万英镑)。如历史学者莎拉·斯坦(Sarah Stein)所说,"从 19 世纪 80 年代直到一战爆发,鸵鸟羽饰一直是大西洋两岸的必备时尚元素",羽毛产业的发展也为纽约和伦敦城中的犹太移民提供了重要的工作机会。

更加广泛的选择

第 6 章曾提到 1907 年的"风流寡妇",这种帽子充分体现和赞美了女性之美,她们如此柔弱,又被帽子拖累,活动受到了很大限制。飘动的羽饰和复杂的结构让人们产生一种帽子漂浮在头顶的错觉。事实上也的确如此,这一时期的帽子戴起来最不稳。用于装饰的羽毛多到难以掌控,女性经常需要用纱巾来对帽子进行固定。这种不实用的设计风格随 20 世纪 10 年代后期发生的社会变化而产生了改变。女性开始参加工作,并越来越多地参与到男性的活动中。得益于机器生产的推广,平价服饰得到快速发展,适应了新的

▶〔151〕"娃娃"帽,美国,1900

◀〔152〕"女性参政论"支持者
明信片，英国，19世纪90年代

自由潮流并满足了职场女性的需求。新式成品服装适合在工作和体育运动
中穿着，吉布森女孩们这样的潮流女性穿上它们不失风姿。作为时尚和社会
变化的晴雨表，年轻女性的帽子也开始呈现出朴素化的趋势。然而，这种变
化受到人们的嘲讽和攻击，阻力不仅来自男性，也来自女性自己——无论尺
寸大小，直径3英尺的宽檐大帽，或是秀发上面盘踞的小巧"娃娃"帽〔151〕，
羽毛或者花朵装饰的昂贵帽子，毫无疑问体现的都是女性气质。有趣的是，
"女性参政论"的意见领袖们纷纷戴起华丽帽子进行反击，驳斥漫画中那些
头戴圆顶硬呢帽、平顶硬草帽或者特里尔比软毡帽的悍妇形象〔152〕。

　　很多时尚款式的基础都是草帽，尽管它们的形状淹没在了装饰之中。简单款式的平顶硬草帽也是畅销品。远东进口的廉价草辫和卢顿的新型机器生产，推动草帽发展成为突破性别和阶层界限的平民时尚帽子〔153〕。这种帽子除了常规使用的丝带以外，极少做其他装饰。菲奥娜·克拉克（Fiona Clark）说："用它做运动帽太棒了，网球、骑车、划船等比赛中都可以戴。"但并非所有人都同意这种观点。众所周知，格温·拉弗拉就讨厌帽子。她说自己的母亲"从不戴那些可怕的坚硬平顶硬草帽……倒是对自己的羽毛围巾和鸵鸟羽饰帽非常满意"。而见到自己的姨祖母头戴"紫色鸵鸟羽装饰的系

▶〔153〕"淑女"，平顶硬草帽的广告，1908

带软帽"时，母亲却又是十分不满。优雅时尚的亚历山德拉公主让我们认识到，平顶硬草帽和圆顶硬呢帽不仅可以作为乡村和体育活动用帽，在城市中也是不错的街头着装。亚历山德拉还喜欢无檐小圆帽，这种帽子从20世纪70年代开始流行，小巧、没有帽檐，装饰朴素典雅，几乎可以满足任何挑剔、考究的着装要求。这种帽子配合紧紧卷曲的发型，干净利落，玛丽王后承袭这种风格并让这种帽子成为自己的标志〔154〕。二战前，这种帽子也为各地祖母们普遍接受。

露西尔、瑞邦和钟形帽

露西尔知名的"风流寡妇"帽是其设计风格的巅峰之作，这款一反常态的宽檐圆帽主导了1900年的时尚风向。露西尔以舞台设计成名，注重服装的舞台戏剧效果，而帽子在其中扮演的角色至关重要。她和罗斯·贝尔坦一样会为自己设计的作品取名——如《别夏》和《篇章》，这些名字充满诗意，引人遐思，不知道是不是受到妹妹、浪漫主义小说家埃莉诺·格林（Elinor Glyn）的影响。

同时代的杰出法国帽子设计师卡罗琳·瑞邦初到巴黎时，就像巴尔扎克（Honoré de Balzac）笔下的主人公一样，身无分文但又志向远大。她凭借创作才华将上流阶层吸引到自己位于马提翁大街的商店中。她修整自己的帽子时，在帽檐上添加了一小段面纱，这一神来之笔再次沉重打击了系带软帽。得益于梅特涅公主（Princess Metternich）的赏识和欧仁妮皇后的赞助，19世纪60年代中期，卡罗琳·瑞邦成为和平街上的"女帽王后"，并保有这一称号直至她1927年去世。她为查尔斯·沃斯（Charles Worth）和玛德

▶〔154〕玛丽王后的无檐帽，《时尚》，1933

琳·维奥内（Madeleine Vionnet）设计女帽，她的作品被归为高级时装。瑞邦 1900 年的作品〔155〕和露西尔的宽檐圆帽类似，但是较为收敛。在一张 1907 年以哥本哈根电车轨道为主题的明信片〔156〕中，女性仍然戴着硕大的帽子，唯一一顶高顶礼帽混在洪堡帽、平顶硬草帽和圆顶硬呢帽中，十分醒目。随着公共交通和汽车的普及，宽檐圆帽和高顶礼帽在城市中的生存空间被不断压缩。香奈儿说过："时尚无处不在。"瑞邦在 1908 年设计的钟形帽可能就应这种变化而生，在她将毡料卷起创作出这种头盔一样的头饰时，不知道她还感受到了什么。

▲〔155〕卡罗琳·瑞邦，宽边花式女帽，约 1900—1920 年

▲〔156〕哥本哈根电车，明信片，1907

　　1912 年前后的女帽尺寸硕大，这样的尺寸到了 1914 年变得不合时宜。简单的造型和大胆甚至激烈生硬的撞色更符合人们战时的情绪。钟形帽对 20 世纪 20 年代的自由女性而言，象征着一种年轻、解放和新颖的简单，就如牧羊女帽之于玛丽·安托瓦内特。《福尔赛世家》中，20 世纪 20 年代时，索米斯的女儿芙蕾与母亲讨论帽子，安妮特说，"巴黎最受欢迎的妓女钟情大帽子，如今，潮流已经发生变化"，但从交通出行和女帽商的角度来说，"钟形帽是更好的选择"。和在很多时候一样，儿童的着装风格预见了成人世界的时尚。1911 年的明信片〔157〕中，小女孩戴的帽子俨然就是 10 年后流行的成年女性的帽子。在弗朗索瓦·莫里亚克（Francois Mauriac）1927 年的作品中，安娜·德拉特夫戴了顶"没有装饰的毡帽"。她妈妈说："这

▲〔157〕戴帽子的小女孩，明信片，1911

比以往那些羽饰帽还要贵。这才是最可爱的毡帽……瑞邦设计的款式。"莫里亚克明白这些细节都很重要。20世纪20年代的风格同过往风格之间出现了割裂——安娜的帽子标志着一种文化转向。

戴维·赫伯特·劳伦斯被指责在小说《恋爱中的女人》（1925）中过分关注服装。他对独立知识女性姐妹厄休拉和葛珍的描绘体现了一种巨大的态度转变，这种变化通过外在形象表现出来。两姐妹在城镇中穿过时，葛珍的"草绿色大丝绒帽"异常醒目，人人对她指指点点。相比之下，贵族小姐赫敏戴的帽子让人想起世纪末的宽檐圆帽："巨大的淡黄色天鹅绒浅帽，上面插着几束鸵鸟羽毛，呈现自然的灰色。"这顶帽子很可能是定制的，但1920年时已经没必要再去找一位自由工作的帽匠，高端商场从巴黎进口帽子，或是宣传自家的帽子是出自某位设计师之手。这一时期，希瑟·费班克

▲ 〔158〕"钟形帽和汽车"，阿德勒汽车的广告，1925

从伦敦的伍兰德商店购买了很多设计款帽子。很可能可以在这家商店里找到葛珍的绿色帽子和厄休拉"未经雕琢"的粉色帽——这些帽子和费班克的其他服饰同样前卫。

发型再次成为选择帽子的决定性因素。战后的波波头、短发搭配短裙，成为革命的标志，就如同 18 世纪 80 年代的夸张发型和帽子。帽子依照头部的轮廓塑形，在脖子处变窄，发型决定了帽子的形状〔158〕。如许多照片中展现的那样，对于身材不够曼妙或是上了年纪的人而言，这种造型非常不友好。相比之下，"海盗"帽和"懒散"帽虽不似钟形帽这么抢眼，却更容易为人们接受，直到 20 世纪 40 年代仍继续活跃在人们的视野中。葛丽泰·嘉宝（Greta Garbo）和 1924 年小说《绿帽子》中开着敞篷车的女主人公都戴这种帽子。

莉莉·达奇和纽约

我们应该认识到，随着消费世界的大门向女性敞开，优雅的来源就不再是独立帽匠提供的帽子，而是那些新兴商场和店铺中的产品。高端时尚掩盖了生产的大众化，强化了昂贵商品的高端属性；高级商店会精明地提供明星设计师的"独家设计"。莉莉·达奇的职业生涯最生动地展示了由独立生产向时尚商场的转变。卡罗琳·瑞邦创造了钟形帽，更重要的是，在 1927 年去世前培养了达奇这位美国最受欢迎的女帽设计师。1924 年，达奇离开法国来到纽约，如果说有哪座城市真正对巴黎时尚之都的地位构成过威胁，那么非 1920 年至 1960 年的纽约莫属。纽约的外来工人为制作"风流寡妇"帽辛勤劳作，它的盛行要归功于二战前数年内涌入的另一波难民。受限于语言不通，很多人不得不从事手工活动，很多知识女性因此进入到女帽行业。根据达奇 1946 年的自传，身无分文的她像瑞邦一样很快获得了成功。梅西百货对她面试时戴的帽子印象深刻，向她伸出了橄榄枝。但是追求自主的她选择了离开，随后收购了一家几近倒闭的帽子工厂，令它起死回生。据她的合伙人说，达奇的策略是在提供大量"巴黎产品"的同时提供定制帽子。

20世纪20年代，美国同法国的关系进入蜜月期，这种友好交往渗透到艺术、文学和电影等各个文化领域。达奇的自传中随处可见电影明星的名字。蓝道夫·赫斯特（Randolph Hearst）在她这里为玛丽恩·戴维斯（Marion Davies）挑选帽子；如果将帽子出售给琼·克劳馥（Joan Crawford）可要格外小心了，因为卖出的那顶帽子将会成为千万人竞相模仿的对象。达奇谈到一位1946年仍在添置帽子的过气女明星，她见证了这位顾客历经20年间的时装帽——"新时代女性的钟形帽，欧仁妮皇后的流行风潮，而后是半球帽（'朱丽叶'帽）、头巾、发网和水手帽"。同瑞邦一样，她也根据顾客的不同特点制作帽子——珍·哈露（Jean Harlow）的钟形帽、葛楚德·劳伦斯（Gertrude Lawrence）的宽边软帽以及贝蒂·格拉布尔（Betty Grable）的半边帽，都各具特色。1939年吉卜赛·罗斯·李（Gypsy Rose Lee）在表演脱衣舞时用帽子遮盖自己的敏感部位，令达奇感到十分尴尬，她恳请吉卜赛停止这样的举动。这些帽子也并非每次都以正面形象出现。

头巾：达奇和波莱特夫人

欧洲域外输入的时尚往往弥漫着浓浓的异域风情。通常，这些风格会在本地化后变得司空见惯，而后逐渐被人们遗忘，再择时携某些令人振奋的新内涵卷土重来。头巾就是这样一种存在。它是20世纪40年代的标志性头饰，几百年间在时尚界几经沉浮。17世纪奥斯曼帝国向西方敞开大门，土耳其服饰成为时尚女性肖像画中的常客，这甚至成为18世纪盛装肖像画的一种模式。在欧洲当时盛行的假面舞会中，土耳其风格也大受欢迎，土耳其美女和牧羊女一道成为最受欢迎的模仿对象。在丹尼尔·笛福（Daniel Defoe）1724年的作品《罗克查娜》中，女主角罗克查娜在假面舞会上所戴的头巾"在顶部耸起尖顶……松散的薄绸垂在一边；正面额头正上方镶嵌一颗名贵的宝石"，就属于典型的土耳其风格。到了后期，18世纪的肖像画中，头巾的风格定位似乎一直游离在生活化和正式之间。头巾自身传递出慵懒闲散的气质，但在宝石和羽饰的装饰下又显得华丽高贵。

1799年，简·奥斯汀向别人借了一顶"玛玛鲁克"帽——"这是当下的流行款式"，她在信中写道。在《女士每月博览》中头巾总是作为正装的配饰出现，多用羽毛或鲜花进行装饰〔146〕。在充满活力的19世纪30年代，人们倾向于在晚间聚会时裹着头巾，头巾层层堆叠地膨起，像气球一样。但在维多利亚时期繁复的裙装和发型面前，头巾似乎单调得有些失调。头巾没落后，几乎少有人问津，只有在保罗·波烈（Paul Poiret）20世纪早期的作品中还能寻得一丝它的痕迹。约翰·拉维利（John Lavery）1910年所作的妻儿和仆人阿伊莎的画像〔159〕中，拉维利夫人身着涡纹图案长袍和羽饰头巾，风格鲜明，充满异域风情。波烈的设计和拉维利的绘画重新唤起了人们以往对东方世界的憧憬，而1909年文化界还发生了一件大事——俄罗斯芭蕾舞团于这一年成立，他们的布景装饰进一步增添了这种神秘魅力。

后人很难实现波烈的造型效果，但达奇设计的头巾〔160〕成功取代钟形帽成为20世纪30年代的时尚必需品。头巾戴起来较为灵活，顺应了当时不断加速的生活节奏，而且如果装饰得当且足够丰富，又不失为一顶优雅的晚装帽子。达奇认为1938年是"头巾之年"。电影明星海蒂·拉玛（Hedy Lamarr）和葛洛丽亚·斯旺森（Gloria Swanson）都留下了戴头巾的照片，卡巴莱艺术家卡门·米兰达（Carmen Miranda）曾将盛满水果的碗顶在头巾

▲〔159〕约翰·拉维利,《艺术家的工作室》, 1910

▲〔160〕莉莉·达奇，女式头巾，1941

上。1939 年，纽约世界博览会开幕前埋下了一枚时间胶囊，达奇应邀参与胶囊内容的设计，她放置其中的是一顶丝质头巾，这顶头巾采用"垂搭的丝织材料……紫色的鸵鸟羽毛点缀着翡翠绿、皇家紫双色丝带，两条镶嵌宝石的短链将丝带两端连接在一起"。我想，这是在致敬帽子曾经的辉煌，也是在致敬一个时代的时尚精粹。

如果说是达奇使头巾在 1938 年风靡美国，成为优雅迷人的典范，那么波莱特夫人（Madame Paullette）则称得上法国战时头巾头饰的发明人。当

▲〔161〕头巾，巴黎，1944

时物资匮乏，占领军对布料进行管控，相比于帽子，做头巾的可用材质多种多样，完全可以在家中制作，装饰上也有较大的自由发挥空间。1941 年的一天，即将出门就餐的波莱特夫人已经来不及准备帽子，匆忙之间，"将一条黑色的围巾绕在头上，然后用金帽针稍加固定"，头巾头饰由此产生。进餐时，朋友们对她的头饰大加赞赏。当时，自行车是巴黎唯一的交通工具，也因此更加凸显了头巾的优势——它比其他的帽子戴起来更稳固，具备防护功能，而且方便存放，最为重要的是，头巾足够新颖别致且价格低廉。

波莱特和达奇的头巾有着不同的发展轨迹。好莱坞的魅力是把双刃剑，拉娜·特纳（Lana Turner）这样的妖艳女性给头巾蒙上了一层暧昧。而在大西洋另一侧的巴黎，社交活动即使在战时也并未停止，头巾依旧是优雅得体的体现。波莱特发起了一次头巾募捐活动："围布将头巾向后拉，头饰的后部高高耸起，造型时尚。"自行车头巾〔161〕流行以后，人们不仅在骑车时裹着它，前往马克西姆餐厅就餐时也不会忘记它。优雅的女士们骑着车迎风冒雨赶来，"从挎斗中取出精美的头巾，围好后才缓缓走进餐厅"。

相比之下，头巾在战时的伦敦并没有风光多久。它被乡村女孩和女工们用作工作时的防护装备。那时，理发师和洗发水都十分稀缺，在这种情况下，头巾简直是一件天赐之物——它可能不会让你魅力四射，却能够"使人们在这个失去理智的世界中不至于崩溃"。战争期间的广播喜剧《又是那个人》中，莫普夫人总是裹着头巾，手中拎着水桶和拖把。战争结束后，头巾依旧和女勤杂工联系在一起，因而逐渐失去了原有的时尚地位。20世纪70年代，伊丽莎白·泰勒（Elizabeth Taylor）裹着头巾的形象让人依稀看到它复兴的希望。玛格丽特公主（Princess Margaret）戴着卡尔·汤姆斯（Carl Toms）设计的头巾参加化装舞会；伊朗的法拉皇后（Queen Farah）戴头巾表达对祖国的热爱，头巾作为高端时装回归上流社会。但对于那些追求时尚的年轻人来说，头发变得越来越重要，他们无法接受将头发塞在帽子里。

西蒙娜·德·波伏娃（Simone de Beauvoir）奏响了头巾的终曲，从战争期间直至1986年去世，这位存在主义女权作家、让-保罗·萨特（Jean-Paul Sartre）的伴侣，一直戴着朴素的头巾，一方面可能是为了以此表明自己的政治主张，维护自我建立的果敢女性形象；但从另一方面讲，头巾也的确符合她俊朗的气质。

香奈儿

作为20世纪最具影响力的设计师，香奈儿在帽子的发展中扮演着怎样的角色？事实上，香奈儿从1910年开始从事女帽设计，她对买入的基本款平顶硬草帽进行装饰，做工简单却颇具匠心。如她所说："没有什么会比显而易见的昂贵、华丽和复杂更令女人显露老态。"与威斯敏斯特公爵（Duke of Westminster）相识使她有机会接触英国的乡村生活，也让她更加偏爱自然材料和男性简洁风格——在一张 20 世纪 30 年代与公爵的合影中，她穿戴骑手服和头戴圆顶硬呢帽的造型十分时尚。他们相识之前，香奈儿设计的帽子和服装就已经声名大噪。她说："真正的帽子文化在于舍弃过多的夸张元素。"例如那些古怪帽子上的羽毛和花鸟。香奈儿的帽子拥有持久的魅力，就像香奈儿的外套一样并非一时蹿红，至今仍是经典。香奈儿衣帽的线条在平价服饰和高端时装中被不断模仿再现。她本人在康朋街工作了 60 年，自始至终都只戴平顶硬草帽和布列塔尼帽。

创新的20世纪40年代

头巾的造型可以是紧缠的绷带，或者宽厚的垫子，装饰风格可以异域风情浓郁，也可以朴实无华，这种开放的创造性启发了艾尔莎·夏帕瑞丽的帽子设计。她 1938 年的超现实主义作品"鞋"帽〔162〕打破了常规，称不上可爱、优雅，甚至严格来说根本不是一顶帽子，但具备了成功帽子的要素，那就是"足够引人注目"。安妮·德·库西在战争爆发前夕提到的"代表戴姆勒引擎盖"的小圆盆帽也必定令人印象深刻——她的这种表述一定是受到了夏帕瑞丽的启发。

战时和战后的衣物定量配给限制了人们的选择，一帽难求成为众多女性面临的普遍困境。一位年轻女性在 1944 年给朋友的信中写道："想要顶帽子真是太难了，好不容易在耶格的店里发现了一顶……但那造型简直就是个布丁盆，真担心一不留心就会用它来做布丁。我一定要在帽子正面装饰一根羽毛。"西奥多拉·菲茨吉本（Theodora Fitzgibbon）将发网视作"战时的伟

▲〔162〕艾尔莎·夏帕瑞丽，"鞋"帽，巴黎，1938

大发明……人们没有时间去理发店……用有弹性的绳子将粗糙的网眼布穿起来，做成类似口袋的样子，这样可以将后面的头发都塞到里面……那时年轻女性留齐肩发会被视作叛逆，因为那意味着你脱离了一个庞大的人群"。无论是充满创意的帽子，还是那些轻蔑的呼声，都提升了处境惨淡的人们的士气。如艾格·萨罗普所说，它们让"人们更加清晰地认识到自己对待极端浮华事物的态度"。任何东西都可以拿来当作帽子，任何东西都可以用作装饰——夏帕瑞丽用椰子做过帽子，也用手套做过帽子。帽子能否成功，关键在于你以怎样的态度去呈现它。

在大西洋彼岸的美国，俄国移民帽匠塔蒂亚娜·杜·普莱西克斯成为美国亲法情绪的受益者，1940 年，她初到纽约就进入知名的邦代尔帽店工作。合同中明确她将化名普莱西克斯伯爵夫人（Countess Plessix）从事帽子设计，同时竭力劝说她不要学习英语。随着名气扩大，她被风格路线更为时尚的萨克斯公司挖走——她的女儿也是她的传记作者，说"那时候帽子生意非常繁荣"——战争几乎没有伤及美国的财富。《风行》杂志的一位编辑粗略地统计了一下："20 世纪 40 年代，她和同事每季至少要买十顶新帽子。"因而，如塔蒂亚娜的女儿所说："帽子行业对塔蒂亚娜这样的优秀人才有着巨大的需求。"欧洲的嬉闹风格失掉了原有的简洁朴素，丧失了与塔蒂亚娜的作品比肩的资格，后者作品中的优雅气质恰恰契合了 20 世纪四五十年代那种超女性化的品位。一个典型的案例就是用温度计替代羽毛装点冬季帽子。麦克道威尔说："反常规成为 20 世纪女帽的常态，在约翰先生、莉莉·达奇和萨罗普手中，这些夸张古怪的帽子成为对传统女帽有益且有趣的补充。"

山雨欲来

丹麦女帽设计师艾格·萨罗普在他的回忆录中坦言，他的有些作品"只是单纯追求感官效果"。这些作品很少会离经叛道。夏帕瑞丽的超现实主义头饰会为你带来很高的关注度，体现出你深谙文化潮流，但前提是整体效果没有出现偏差——部分必须与整体和谐，而达到这一效果并不容易。麦克道威尔描述了克丽丝汀·迪奥（Christian Dior）是如何在模特身上进行即兴创作的。先是一朵花，然后是两根黑色石质帽针，但是这样还不够："多用面纱……面纱的量要加倍！"他一边提要求，一边解释，"这在很大程度上不是帽子本身的问题，而是与整套服装的比例问题"。

迪奥用宝塔帽〔163〕搭配1947年推出的"新风貌"服装——长裙、平缓的肩线、纤腰，消除了战后那种方正的身形。这一设计被认为是极度浪费，但是迪奥从中感受到了一种情绪。战时的严酷留下了对奢华的强烈渴望——帽子的尺寸要足够大、要天马行空、要用足布料。定量供给一直持续到20世纪50年代，但是购买帽子并不需要凭券，这也说明时尚在这种艰难条件下依然可以存活。萨罗普说，帽子是一种出口，人们用它来宣泄"压抑已久的对个体独立性的向往"。在巴黎，灯火管制扼杀了茶舞会，萨罗普深知巴黎人对不拘一格的头巾头饰极度渴望，但他坦言自己对它们无感："英国女性的帽子不会如此夸张——美国人的也不会这么厚重。"因此他创作了鸡尾酒帽〔164〕："天鹅绒材质，饰以薄纱装饰……帽顶一朵夺目的玫瑰……这种盛装的即视感怕是任何一位女性都无法抗拒。"

萨罗普说，战后的巴黎物资稀缺，物价昂贵。"顶级设计师设计的帽子价格是10基尼"，其中也包括他的作品。虽不愿承认，但他也开始意识到对定制帽子的需求正在萎缩。在伦敦他是伊丽莎白王后（后来的王太后）的

▲〔163〕迪奥，宝塔帽，巴黎，1947

▶〔164〕莉莉·达奇，女士鸡尾酒帽，美国，约 1938

帽子设计师，这一身份使他能够一直沉浸在他（和王后）对羽饰的偏爱之中，即使当时羽饰已经被大多数人冷落。在女王的身上，羽饰散发着亲切的古典气质，在伊丽莎白·詹金斯的小说《龟与兔》（1954）中，布兰奇·西科考戴着硬毡帽，"用羽毛装饰的圆帽顶令人反感"。书中的叙事者认为女性对帽子的焦虑源于对男性的在意。布兰奇的魅力远不及头戴黑色小鸡尾酒帽的年轻女孩，"帽子上镶着宝石的她宛若波斯画像中的公主"。布兰奇四十年代风格的帽子〔165〕就这样败给了有些轻浮的胡闹。讲述者最后也对她心生怜悯："因为戴了顶不得体的硬毡帽，没人愿意多看她一眼。"

塔蒂亚娜的女儿说："艾森豪威尔执政的 20 世纪 50 年代，美丽和优雅的标准进入了最后的黄金时期，而一直以来正是它们成就了我母亲的事业。"讽刺的是，终结塔蒂亚娜事业的正是她自己的成功，1951 年萨克斯请她建立一条成品生产线。他们大力宣传新产品 "在城外所有的商店中都可以买到"。设计业务萎缩后，塔蒂亚娜于 1965 年被解雇。萨罗普说，机器可以

Fine straw, edged with petersham, the leaf trimming of stitched petersham. In black, navy, nigger, natural. In large or medium fittings.

63/-

WIGMORE ST., LONDON, W.I

▲〔165〕帽子广告，伦敦，约 1940

做很棒的事情，"但是大家都清楚机器最擅长做什么。美国的厂商自然关注到了这一点。可怜的巴黎设计师被迫就范……没人继续面向个人进行设计"，设计开始面向机器。装饰也搞得一团糟——"大檐帽上镶钻，对我来说简直是种折磨！"但萨罗普也提到自己在20世纪50年代创作了很多帽子，可能是生产过剩导致了帽子的单调乏味——战后世界中有太多东西整齐划一，人们忍受这些帽子太久了，早已经心生厌倦。

1965年，帽子突然退出历史舞台，塔蒂亚娜的女儿将其视作"西方时尚发展历程中的独特章节"。这一切的背后自然少不了社会经济因素的影响，伴随着英美两国的民主化，曾经通过帽子体现的阶层差别逐渐模糊，大规模生产的发展让二者的关系渐行渐远。高档奢华的服饰依旧昂贵，却无法等同于考究和美丽。受过教育的年轻人，尤其是年轻女性，走上工作岗位，具备了消费能力，却并没有把钱花在帽子上，反而是头发得到了越来越多的重视。

20世纪50年代，萨罗普就已经注意到人们开始"注重打理头发……帽子逐渐边缘化"。维达·沙宣（Vidal Sassoon）重新演绎了经典"波波头"，对帽子的发展造成了巨大打击。他的风格富有棱角，适合于直顺、有光泽的短发，而不是50年代的那种定型卷发。新式发型容易打理，省去了卷发棒和发胶的麻烦。当剪一款维达·沙宣的发型成为公认的身份象征时，谁还会把头发遮起来？萨罗普在1955年破产后重整旗鼓，时尚嗅觉敏锐的他在切尔西买下了一处房产，与沙宣合作打造适合新发型的帽子。那时，切尔西是伦敦街头时尚的中心。但在1956年自传的最后他坦言自己"累了"，并在1965年关闭了工作室。

过渡时期的头巾

和早期的头巾一样，新时期的头巾也解决了一个困扰人们许久的难题——如何既不扰动战后情绪和民主氛围，又能展现时尚和青春运动气息。20 世纪 50 年代，奥黛丽·赫本骑车的形象增添了头巾的魅力；年轻的伊丽莎白王后骑马时也戴着来自巴黎的爱马仕头巾，她本人也乐于戴着它拍照，头巾的地位得到大幅提升。王后用头巾搭配乡村休闲服装，延续了赫本和格蕾丝·凯利（Grace Kelly）这些好莱坞明星年轻随意的时尚风格，与早期的皇家头饰形成了明显反差。和裹头的头巾一样，它就是一块简单的布料，质地以丝绸为佳。戴头巾的方式多种多样，主要取决于佩戴者的品位和动手能力。那时，即使爱马仕的头巾也比萨罗普的帽子更便宜、更亲民。

▲〔166〕拍摄《狂野边缘》时戴着头巾的简·方达，马里布，1961 年 6 月

这段过渡时期里，帽子被人们抛弃，头巾则因为得体且低价易得而广受欢迎。更重要的是，头巾质地轻盈，不会在定型的蓬松发型上留下丑陋的压痕。赫本再婚时戴了纪梵希的头巾和帽子，头巾借此成功跻身高端时尚行列。但是碧姬·芭铎（Brigitte Bardot）和简·方达（Jane Fonda）这些20世纪60年代的年轻女星，她们肆无忌惮地戴着廉价的棉质方巾，使头巾重新回归平民生活。如果按照羞怯的乡村少女风格，头巾的结应该系在头发后面，或像婴儿那样系在下颌，配合噘起的嘴唇和V形领口〔166〕，多少显得有些挑逗的意味。

到了1965年，人们对帽子的厌烦情绪逐渐开始滋生——当所有人追随相同的时尚，时尚也就不存在了。芭铎钟爱宽檐软帽，而女权主义者方达极少戴帽子。20世纪60年代的女权主义者对帽子很不友好。从60年代中期开始，欧洲和美国的女权主义者逐渐发声，她们认为时尚是男性实现主导的控制机制，而作为时尚核心要素的帽子象征着规约、阴柔，它让女性看起来就如同她们的母亲——帽子比具有女性象征意义的文胸更具杀伤力【译者注：20世纪60年代，女权主义浪潮再次兴起，女性力图消除性别差异带来的各种限制和歧视，而文胸作为女性特有服饰，正是性别差异的象征，因而遭到女权主义者的抵制】。孩子们经常可以不戴帽子，因此，不戴帽和短发、短裙、平底鞋一起构成了简·诗琳普顿的叛逆孩子形象。弗朗辛·杜·普莱西克斯·格雷（Francine du Plessix Gray）说，“对头饰表现出热情的都是一些反主流文化者”——切·格瓦拉的贝雷帽、浣熊皮帽和印第安人的头带，这些帽子无不体现了对少数派政治力量和少数族裔的团结或是对原生态文化的赞美。

但在20世纪70年代，人们仍旧钟爱盛装打扮。如果戴帽子，那么该用什么样的帽子来搭配喇叭裤、长裙，以及流苏绒面夹克？虽然没人公开表态，

▲〔167〕宽檐软帽，约 1975

但大家默契地认为，芭铎的宽檐帽〔167〕在不经意间给出了答案——这种帽子结构随意且不加修饰，它们在女帽设计师眼中就是"帽坯"。伦敦的比芭商店 10 年间生意兴隆，商店里挂着宽檐软帽，帽子颓废随意的气质增添了商店的怀旧意味。此外，观察伊丽莎白女王在 20 世纪 70 年代所戴的帽子，你可以从中体会到一丝紧张不安。尽管王家的帽子不追求最新潮的时尚，但在一定程度上还是应当合乎当下的风尚。女王戴过头巾、无檐丝绒帽，以及与都铎帽相仿的便帽，甚至还尝试并接受了"骑士"风格，但从未戴过宽檐软帽。事实上，到 70 年代末，这种帽子已经演变成硬质的浅碟状，被众多端庄时尚的女性〔168〕所接受。

▲〔168〕碟形帽，1979

自戴安娜以降

　　戴安娜·斯宾塞小姐（即戴安娜王妃）出生在一个古老的显赫家族，幼时便经历父母离异的她站在了新旧社会的交汇地带。女生在贵族文化中是不被重视的，但同时，20世纪晚期又是独立女性释放巨大能量的时代。戴安娜身材高挑，生就一张适合戴帽子的脸庞，简直是造物者对设计师的恩赐。1981年她蜜月旅行时戴了由约翰·博伊德（John Boyd）设计的羽饰小三角帽，引来了众人效仿。那也是她最喜欢的款式。斯蒂芬·琼斯说过，小巧的帽子最适合在二三十岁时佩戴。从琼斯1983年为戴安娜设计的黑白特里尔比软毡帽中，我们可以体会到戴妃对简单造型的偏爱。无论是三角帽、特里

▶〔169〕菲利普·萨默维尔为戴安娜王妃设计的帽子，1992

尔比软毡帽、格伦加里系带软帽，抑或琼斯后来设计的黑红色水手帽，戴安娜的帽子始终流露出一种欢快平和的气质，她的年轻纯真令每个女人都羡慕不已。然而，80 年代末出现了一些变故。婚姻生变的同时，她的着装风格也悄然发生变化。据说，一时间，她成为那些迫切渴望曝光的时尚设计师们的希望。戴安娜本人有着敏锐的直觉。她的婚姻虽不成功，但她知道 20 世纪的女性不必为此感到羞耻。她在公开场合的着装总能引人注目，无论是巨大的宽檐圆帽，还是像蓝色头巾〔169〕这种出自菲利普·萨默维尔之手的艺术品，都让她在查尔斯王子面前成功抢镜。

1993 年婚姻破裂后，戴安娜便很少再戴帽子。她很适合戴帽子，但无奈帽子与她迫切想摆脱的王室成员身份之间有着拉扯不断的关联。追随戴安娜的帽子，我们是否可以回溯 20 年间的时尚？她是否"挽救"了帽子，影响了时尚？有些时候，一些帽子恰好同时兼顾了时尚、得体和实用，这种帽子就不再是一种强制的仪式性配饰，而跃升成为服饰的灵魂，戴安娜 20 世纪 80 年代早期戴的帽子就是如此。它们符合王室的要求，但也并未影响她与同时代人的交流。这些帽子自信、时尚、风情万种，你无法用任何关于女性的固有概念全面概括它们的特质。戴安娜不追逐时尚，而是在创造时尚。她在 20 世纪 80 年代末的时尚主张似乎更适合秀场，而非街头，但是不可否认的是，她赏识并扶持了斯蒂芬·琼斯和菲利普·崔西，的确为时尚界注入了重要的新鲜血液。

花哨VS得体

人们之所以戴帽子，总有一些务实的原因——防止头部受凉，或是保护发型免受雨水的破坏。帽子在 20 世纪 80 年代再次受到关注，但那次复兴也只是昙花一现。因为它已经开始脱离人们的日常生活。戴帽子成为引人关注的事情，帽子设计师也都成为声名显赫的时尚名人。他们所创作的已经不是帽子，而是融合了技术革新和非凡想象力的设计杰作，会有博物馆愿意买来收藏陈列。当帽子成为艺术品，帽子设计也就摆脱了规约和礼节的限制，可以自由地对原有样式进行重构、模仿，玛丽·安托瓦内特的幻想风格也重新得到关注。应该说，时装设计突破了快餐消费的局限，它的时尚理念和设计细节被人们运用到街头服饰之中。优秀设计师的作品总能给人以灵感，受它们启发制作的帽子频频出现在皇家仪式和社会上流的婚礼上，在阿斯科特、墨尔本、肯塔基，乃至法国也都能够见到。"疯狂帽匠日"是爱尔兰高尔韦赛马会上最受欢迎的活动之一——这里也是帽子设计大师菲利普·崔西的故乡。

崔西的帽子不是为逛格拉夫顿、第五大街或者邦德街设计的，也不适合戴着到酒店休息厅喝下午茶。它们不是阶级地位的象征，也不是非戴不可的配饰。这些帽子的出现填补了日常着装中缺失的那份抽象，而这与"时尚"几乎无关。你无法界定它究竟属于雕塑、戏剧还是服饰，但它们无疑是艺术品〔170〕。如此动人的帽子注定会引起别人的关注。如果有人问，你的帽子是不是崔西的作品，这绝对是一种恭维。他的有些作品确实会挡住戴帽人的脸，却也因此成为艺术馆中最欢快的元素。一位时尚记者曾评价崔西是"帽子界的布朗库西（Brancusi）"。可以说，戴帽人在某种程度上成了展示帽子艺术的展台。

但是，情况正在（或即将）发生变化。2011 年，澳大利亚期刊《The Age》刊登了一篇文章，文章的主角是墨尔本街头一群头戴特里尔比软毡帽和"猪肉馅饼"帽的年轻人。一位男生说自己的特里尔比软毡帽可以"随意穿戴"，另一位戴费多拉帽的女孩说帽子"让自己的装束看起来更加完整"。2016 年，斯蒂芬·琼斯在伦敦接受《经济学人》采访时表示，他开始"沉迷于制作'得体'的帽子"。这不是一种回归，帽子不会变回规则束缚下的地位符号——澳大利亚年轻人眼中的帽子不会是这个样子。他们与上一辈人不同，没有对帽子的恐惧，没有关于帽子的不愉快的记忆。

来自都柏林的帽子设计师托尼·皮托（Tony Peto）希望人们能够重拾帽子。他认为，帽子的结构和形状非常重要，"不要花哨"。他说，那些忙

▶〔170〕菲利普·崔西和伊莎贝拉·布罗（Isabella Blow），2003

碌的女性顾客需要时尚且实用的帽子。斯蒂芬·琼斯觉得，"得体"的帽子可以做到既有趣又实用。早在20世纪70年代，还是时尚学徒的他就注意到，待在衣帽室中的女性最容易发笑；"对我来说，让人感到快乐就是时尚的目的，而我坚信帽子可以做到这一点。"帽子中蕴藏的日常欢乐也许会再次广泛传播，渗透进我们的观念和生活，"无处不在"。